托育-保育类专业教材:"职业综合素质+行动能力"养成系列

丛书主编 ◎ 赵志群 宋彩虹

新形态教材
入眼·入脑·入手·易教·乐学
融媒体版

婴幼儿生活照护

YINGYOU'ER
SHENGHUO ZHAOHU

主 编:赵 青

副主编:张 懿

北京师范大学出版集团
BEIJING NORMAL UNIVERSITY PUBLISHING GROUP
北京师范大学出版社

图书在版编目（CIP）数据

婴幼儿生活照护 / 赵青主编 . —北京：北京师范大学出版社，
2023. 10（2025.8 重印）
 ISBN 978-7-303-27715-5

 Ⅰ.①婴…　 Ⅱ.①赵…　 Ⅲ.①婴幼儿—哺育—中等专业学校—教
材　Ⅳ.①TS976.31

中国版本图书馆 CIP 数据核字 (2021) 第 269882 号

YINGYOU' ER SHENGHUO ZHAOHU
出版发行：北京师范大学出版社 https://www.bnupg.com
　　　　　北京市西城区新街口外大街 12–3 号
　　　　　邮政编码：100088
印　　刷：优奇仕印刷河北有限公司
经　　销：全国新华书店
开　　本：889 mm × 1194 mm　 1/16
印　　张：16.25
字　　数：251千字
版　　次：2023年10月第1版
印　　次：2025年8月第2次印刷
定　　价：44.80元

策划编辑：姚贵平　　　　　　　责任编辑：冯　倩
美术编辑：焦　丽　　　　　　　装帧设计：焦　丽
责任校对：陈　荟　　　　　　　责任印制：赵　龙

使用说明

　　本教材属于新型活页式教材，兼具"工作活页"和"教材"的双重属性，由行动手册和阅读手册两部分构成。

　　行动手册主要用于课堂教学，按照"以学习者为中心、以学习成果为导向、促进自主学习"的思路进行开发和设计，将典型工作任务及工作过程作为主体内容，同时提供适用的、具有引领作用的多种类型的立体化、信息化课程资源，借助学习任务实施教学，采用行动教学法引导学习者反思和实操。针对这些源于实际工作的问题，学习者可通过小组讨论进行学习并深入思考，通过情境操作训练掌握技能，同时分享彼此的经验。这种方式不仅能够得到创新的方案，而且能够帮助学习者更好地适应将来的工作岗位。

　　阅读手册为学习者提供学习资料，其内容与实际工作任务密切相关，打破了传统教材的知识体系中的逻辑主线，以问题为导向，引导学习者自主查阅资料以寻找答案。阅读手册主要为学习者开展自主学习提供支持，作为行动手册的理论支撑，为学习者提供更多相关的学习素材，最终提升基于岗位任务的理论水平。本教材还配了视频、文字等资源，扫二维码即可查看，这种新形态使教材的内容得以拓展与延伸。

学前教育是保障和改善民生的重要内容。在我国，按照保育和教育相结合的原则，托育机构各岗位的保教人员须具备促进婴幼儿全面发展的保育能力。《上海市托育服务三年行动计划（2020—2022年）》提出的"教养医结合"的学前教育理念，对托育机构的保教人员的保育能力提出了更高的要求：具备相应的职业道德、科学文化与专业知识、技术技能。职业院校新开设的培养保教人员的婴幼儿托育和幼儿保育等专业，开设时间短、教材资源欠缺、人才培养经验相对缺乏。本教材就是针对婴幼儿托育和幼儿保育等专业的这种现状编写而成的。

新修订的《中华人民共和国职业教育法》第二条规定："本法所称职业教育，是指为了培养高素质技术技能人才，使受教育者具备从事某种职业或者实现职业发展所需要的职业道德、科学文化与专业知识、技术技能等职业综合素质和行动能力而实施的教育，包括职业学校教育和职业培训。"按照这一规定，本教材意在面向工作要求和岗位要求，明确培养规格和能力要求，并为学生未来的职业生涯发展奠定良好的基础。为此，不仅需要引入先进的保育和教育理念，而且需要把先进的专业教学内容与高质量的教学组织形式有机结合起来。

本教材按照培养职业综合素质和行动能力的要求，结合教育部关于1+X证书制度试点工作的指导意见，针对本类专业就业的市场需求和托育行业的发展趋势，立足托育机构的实际工作场景，介绍大量实践案例，力图使职业教育回归实际工作。本教材采用工学结合一体化课程模式，基本特点是引导学生"在行动中学会工作"。

培养职业行动能力。职业行动能力是个体当前就业和终身发展所需的能力，是在理解、反思、评估和完成职业工作任务以及承担社会、经济和生态责任的前提下，参与设计技术和社会发展的意愿和本领。本教材在培养实践知识技能的基础上，强调学生的综合素质和行动能力的提升和全面发展。

采用一体化课程模式。一体化课程模式提供的是理论与实践相统一的综合性学习任务。在一体化课程模式下，学习不再是简单的知识灌输和技能训练，而是知识、技能、情感态度和价值观的整体发展。

根据典型工作任务确定学习内容。本教材的学习内容来自保教人员职业生涯中的典型工作任务，代表了该职业的专业化水平，反映了该职业具有范式意义的工作内容和工作方式。

按照技术技能人才成长规律安排教材内容。人的职业成长遵循从初学者到专家的能力发展逻辑，职业教育过程遵循从完成简单任务到完成复杂任务的职业认知能力发展逻辑。本教材的内容就是按照这两种逻辑设计安排的。

行动导向教学。学生在具体的职业情境中通过行动建构自己的知识体系，不仅可以提高对社会和技术发展的适应能力，而且可以在具有实际应用价值或现实意义的服务项目中学习，发展独立自信和负责任的人格。

促进"三教"（教师、教材、教法）改革。在教学工作中，教师是根本，教材是基础，教法是途径。本教材把教学工作的三要素，即主体、客体与内容进行有效的结合，为职业教育"三教"改革提供了工具、载体和方法。

本教材由行动手册和阅读手册两部分构成，两部分内容高度匹配，引导学生在行动过程中进行探究和反思，实现真正的学习。

行动手册主要用于课堂教学。行动手册按照以学生为中心、以学习成果为导向、促进自主学习的思路，将典型工作任务及工作过程知识作为主要学习内容；按照保育工作开展的过程进行引导，同时提供多种具有引导和引领作用的学习资源（托育机构保育工作视频、实际案例、政策法规、专业书籍等），倡导以小组合作等多种方式学习知识；通过情境训练掌握实践技能，引导学生开展学习行动和进行专业思考，提高职业行动能力。

阅读手册为学生提供学习资料和理论支持。阅读手册的内容与行动手册中的工作任务密切相关，以问题或专题形式组织内容，以行动为导向，为学生提供知识储备和学习素材。作为行动手册的补充学习材料，阅读手册根据需要配置了视频、文本等拓展资源，扫码即可查看，从而拓展和延伸了教材的内容。

职业教育不仅要提升学生的技能技巧，而且要培养学生应对困难，完成具有一定知识和经验要求的，甚至创新性的综合化工作任务的能力，婴幼儿托育和幼儿保育等专业更是如此。职业教育的学习任务应当具备发展心理学所说的"发展性任务"的特征，符合技术技能人才成长的逻辑规律。学习任务的设计需要考虑人的职业发展并深入个性化的工作层面，本教材的编写团队在这方面进行了大量有益的尝试。

本教材具有较强的科学性、实践性和可操作性，以"问题引领、行动为先、学习相随"的方式最终达到知行合一。教材利用"蕴藏在实际工作任务的教和学的潜力"，为学生提供面向实际的、全面的学习机会。我们希望本教材不但能帮助职业学校更快、更好地培养出社会紧缺的高素质技术技能型保育人才，也能为我国职业教育教学改革提供有价值的经验。我们衷心希望教师借此开展有效的教学改革实践，帮助学生对保育工作的任务、过程和环境进行整体化的感悟和反思，为建立适合我国国情的、符合"三教"改革要求的新型教学模式奠定基础。

由于编者水平所限，编写时间不足，教材中可能存在一些问题，需要在教学实践中不断修改和完善。"嘤其鸣矣，求其友声。"我们希望同行、专家及读者不吝赐教，提出批评意见，以便再版时改正。

赵志群　北京师范大学

宋彩虹　上海市群益职业技术学校

　　0～3岁是个体生命周期的早期阶段，这一时期的婴幼儿的体格发育和神经系统发育最为迅速。随着身体各器官的不断发育，婴幼儿几乎每月甚至每天都在发生变化，而这一时期也是容易发生疾病、意外的时期，所以说这一时期的婴幼儿是最"柔软"的群体。婴幼儿照护服务是生命全周期服务管理的重要内容，事关婴幼儿成长，事关千家万户。因此，针对这一时期婴幼儿的生理、心理特点，必须辅助以适当的保育方式和保育手段。

　　党的十九大报告提出"幼有所育"，这是保障和改善民生的重要内容。党的二十大报告提出："必须坚持在发展中保障和改善民生。"2019年5月9日，国务院办公厅发布了《关于促进3岁以下婴幼儿照护服务发展的指导意见》。为贯彻该指导意见，国家卫生健康委员会印发了《托育机构保育指导大纲（试行）》《托育机构婴幼儿伤害预防指南（试行）》《托育机构婴幼儿喂养与营养指南（试行）》，着力指导托育机构切实做好安全防护工作，为婴幼儿提供科学、规范的照护服务。党的二十大报告指出："我们深入贯彻以人民为中心的发展思想，在幼有所育、学有所教、劳有所得、病有所医、老有所养、住有所居、弱有所扶上持续用力，人民生活全方位改善。"可见，"幼有所育"一直是党和国家高度重视的民生工程。

　　高技术、高技能人才在社会发展中扮演着举足轻重的角色，他们需要掌握综合知识、实践技能、社交技能，既要有独立思考和开拓创新的能力，又要有积极向上的态度和强烈的责任感。本教材遵循国家针对婴幼儿照护及托育提出的新政策和新要求，综合了世界先进的婴幼儿照护的相关概念、理论和方法，立足"三教"改革，与教育部关于1+X证书制度试点工作的指导意见相结合，主动适应托育的新趋势和就业市场的新需求，针对学校培养幼儿保育专业人才的要求，立足托育机构实际工作场景，结合大量实践案例和具体操作，用以行动为导向的学习方式使教育回归实际工作，帮助学生做好职前准备，提高职业教育适应社会发展需求的水平，因此非常适合被作为职业教育教材。

　　本教材编写团队主要由高职学科专家、中职课程教师、托育机构管理者及一线骨干教师组成。分工如下："初识婴幼儿生活保育""盥洗活动照护""如厕活动照护"的相关内容由金华职业技术学院赵青负责编写，"来园活动照护"的相关内容由中国福利会托儿所张懿负责编写，"进餐活动照护"的相关内容由金华职业技术学院胡玉敏负责编写，"饮水活动照护"的相关内容由北京市商业学校孙静负责编写，"睡眠活动照护"的相关内容由宁波幼儿师范高等专科学校董钰萍负责编写，"离园活动照护"的相关内容由杭州心阳幼幼托育园杨仲负责编写。本教材引用了一些国内外专家、学者的研究成果和资料，在此一并表示感谢。

　　本教材具有较强的理论性、实践性和可操作性，既可以作为中等职业学校幼儿保育相关专业的教材，也可以供一线托育机构的保教人员、婴幼儿照护工作者及广大 0～3 岁婴幼儿的父母使用。由于时间紧迫，教材难免有不完善之处，敬请广大师生不吝赐教（发送邮件至 yaoguiping@126.com），我们将及时修订、完善。

目　录

行动手册

阅读手册

婴幼儿生活照护

行动手册

YINGYOU'ER
SHENGHUO ZHAOHU
XINGDONG SHOUCE

北京师范大学出版集团
BEIJING NORMAL UNIVERSITY PUBLISHING GROUP
北京师范大学出版社

单元八　离园活动照护

单元一

初识婴幼儿生活保育

学习目标

通过本单元的学习，同学们应当实现如下学习目标。

1. 解释婴幼儿生活保育的概念。

2. 说出我国婴幼儿保育工作的发展历程和特点。

3. 结合自己的理解，解释婴幼儿保育的目标及工作的意义。

4. 小组合作设计托育园走访方案，开展对托育园的调研。

5. 通过记录、拍照、摄像等方式，记录托育园的一日生活，说出一日生活的各环节的名称。

6. 通过整理托育园一日生活中保育的要求及具体内容，归纳托育园一日生活保育的主要内容。

7. 初步了解《托育机构保育指导大纲（试行）》。

8. 通过走访托育园，建立热爱婴幼儿、尊重生命的职业情感。

学习建议

为了获得更好的学习效果，建议同学们在学习这部分内容时做到以下几点。

1. 与0～3岁婴幼儿的家长或托育园工作人员交流，了解婴幼儿生活保育的主要内容。

2. 登录国家卫生健康委员会或地方政府的卫生健康委员会网站，收集并阅读有关0～3岁婴幼儿照护的文件。

3. 利用周末或假期，到托育机构进行社会实践，加深自己对婴幼儿生活保育的理解。

建议学时：1学时。

学习导航

初识婴幼儿生活保育
- 走近婴幼儿生活保育
  - 解释婴幼儿生活保育的概念
  - 归纳我国保育工作的发展历程和特点
  - 说明婴幼儿生活保育工作的目标及意义
- 走访托育园
  - 制订调研计划
  - 调查托育园一日生活保育

相关资料

托育园的一天

7:30—9:30　家长送小朋友入园。在进入教室之前，家长可以把小朋友的外套挂在指定的衣架上。此时，保健医生进行每日晨检（测量体温、与家长沟通孩子的基本身体情况等）。

9:30—11:30　小朋友集体排队，戴好统一的帽子，两两拉手，小朋友靠右走，老师靠左走，一起到户外活动场地玩耍。老师和小朋友一起跳绳、做游戏、放风筝、玩游乐设施等。户外活动结束后，老师会引导小朋友做相应的卫生清洁工作（如厕、洗手），接着让小朋友喝水或吃点心。提倡自己的事情自己做，培养小朋友的动手和自理能力。

11:30—12:00　回到园区后有半小时的活动时间，老师会让年龄稍大的小朋友自己看绘本，并照看其他小朋友玩耍。

12:00—13:00　到了午餐时间，老师会让小朋友自己选择吃多少食物，所有小朋友都拿到食物后才开餐。因为小朋友的自理能力都比较强，吃饭、整理餐具、清洁卫生等事情都做得非常好。

13:00—14:30　到了午睡时间，老师会安静地守在一旁，照护小朋友午睡。

14:30—16:30　到了下午，小朋友在老师的带领下来到操场尽情地玩耍。

16:30—17:30　到了家长接孩子的时间，家长与老师交流后，便带领小朋友回家了。

一　走近婴幼儿生活保育

3岁前的婴幼儿正处于生命的起步阶段，生长发育十分迅速，由于身心发育不完善，所以对自然环境和社会环境的适应能力弱，对疾病的抵抗力差。同时，婴幼儿自我照料及自我保护的能力、知识、经验等都比较缺乏，他们无法离开成人而独自在社会中生存。成人需要为他们提供必需的生活环境与条件，并精心地照护和养育，这是婴幼儿得以生存和健康成长的重要保证。有关这方面的工作，在托育机构中通常被称为保育工作。

在倡导现代教育理念、重视早期教育的今天，更应注重对婴幼儿的科学保育。那么，科学的婴幼儿生活保育是什么样的呢？

▶▶ **活动1：解释婴幼儿生活保育的概念** 〉〉〉〉〉〉〉

保育员小王认为，婴幼儿生活保育就是管好婴幼儿的吃、喝、拉、撒、睡。你认为小王的说法对吗？为什么？

▶▶ **活动2：归纳我国保育工作的发展历程和特点** 〉〉〉〉〉〉〉

学习阅读手册的专题一的内容，填写表1-1-1。

表 1-1-1　我国保育工作的发展历程和特点

时间	保育机构的名称	特点
1949 年以前		
1949—1980 年		
1980—1990 年		
1990—2000 年		
2000 年至今		

▶▶ **活动3：说明婴幼儿生活保育工作的目标及意义** 〉〉〉〉〉〉〉

情境描述 1

　　3 岁的童童上了托育园，一次，童童在班级组织的户外活动中没有玩尽兴，活动结束回到班级后还想出去继续玩，保育员没有答应童童的要求。过了一会儿，童童举手说要去厕所，保育员当时正忙着给其他小朋友接水就答应了。没想到童童出去后直奔滑梯区尽兴地玩了起来，结果因为滑下去的时候没有人在旁监护，他的衣领被滑梯上的一个螺丝挂住了，造成窒息性死亡。

情境描述 2

　　托育园的孩子正在午睡，值班的保育员感觉很疲惫，就在寝室的一张空床上睡着了。小江海想起床上厕所，但因看不到保育员，一直憋着不敢起来，后来实在憋不住了，只好自己急急忙忙地从床上下来准备去厕所，结果他一下子从床上掉了下去，被床边的椅子碰破了头，又由于憋尿太久，摔倒后造成膀胱受损。

学习笔记

1.如果你是以上情境中的保育员,该如何避免意外的发生?

2.结合阅读手册的专题一的内容,小组讨论婴幼儿生活保育工作的目标及意义。

目标

意义

二 走访托育园

托育园是为 0 ～ 3 岁婴幼儿提供照护的场所。托育园保育是婴幼儿照护服务的重要组成部分,是生命全周期服务管理的重要内容。托育园应创设适宜的环境,合理安排婴幼儿的一日生活和活动,从生活照料、安全看护、平衡膳食和早期学习等方面促进婴幼儿身体和心理的全面发展。婴幼儿生活保育主要包括给婴幼儿提供安全可探索的环境、营养的食物,保证婴幼儿充足的睡眠,指导婴幼儿学习盥洗、如厕、穿脱衣服等生活技能,逐步养成良好的饮食卫生习惯,以及独自入睡和作息规律的良好睡眠习惯。

托育园的一日生活流程是怎样的?托育园的保育要求及具体内容又是什么?古人说:"耳闻之不如目见之,目见之不如足践之,足践之不如手辨之。"要想真正了解托育园,还需要实地走访才行。

▶▶ 活动 1: 制订调研计划

❶ 活动准备

1.阅读:阅读手册的专题一,以及《托育机构保育指导大纲(试行)》《上海市托幼机构保育工作手册》(上海教育出版社,2010 年版)。

2. 准备资料：互联网上的相关资料。

3. 操作材料和设备：彩色纸若干、彩笔若干、签字笔、磁铁若干、电脑、流畅的网络。

❷ 活动过程

1. 成立调研小组。依据自由组合兼顾个人特长的原则确定小组人选，设立组长1名。根据成员的特长分配具体任务，如陈述、记录、拍照等。写明小组成员及分工。

2. 制订调研计划。

（1）走访托育园需掌握的信息是什么？

（2）拟解决的问题有哪些？

（3）走访的主要任务及内容是什么？

学习笔记

（4）走访的主要流程有哪些？

（5）走访的时间、方式、主要联系人及联系方式是什么？

3. 查找所需信息。重点收集周边托育园的名称、规模、距离、地址、联系人等调研对象的信息，并确定要走访的托育园。

（1）收集的主要信息是什么？

（2）要走访的托育园的名称是什么？

（3）选择走访该园的原因是什么？

4. 做好出行规划。查找路线信息，确定出行方式、大致费用，并确定好对方的联系人。

你们组的出行规划是什么？

▶▶ 活动 2：调查托育园一日生活保育

❶ 活动准备

1. 阅读：阅读手册的专题一、《托育机构保育指导大纲（试行）》。

2. 预约：与托育园的联系人提前预约走访时间。

3. 出行：确认出行路线、交通方式，根据预约好的时间出行。

4. 操作材料和设备：签字笔、记录本、照相机与录音笔（或可以拍照、录像的智能手机）。

❷ 活动过程

1. 取得调研对象的配合。找到提前预约的联系人，介绍自己并说明来意，委托联系人提供满足调研需要的对象，并取得调研对象的配合。

2. 开展问题调研。重点调研托育园的一日生活、保育要求及具体内容。

3. 收集调研资料。收集与调研内容相关的文本、照片、视频、音频等。

4. 汇总调研信息。

（1）走访的托育园的名称是什么？

（2）走访的托育园一日生活的主要环节有哪些？

（3）了解走访的托育园制订一日生活日程的依据并填表。

走访的托育园一日生活日程见表1-1-2。

表 1-1-2 ＿＿＿＿托育园一日生活日程

0～1岁日托班		1～2岁日托班		2～3岁日托班	
时间	内容	时间	内容	时间	内容

你的评价：

走访的托育园一日生活保育要求及具体内容见表1-1-3。

表1-1-3 _____托育园一日生活保育要求及具体内容

环节名称	保育要求	具体内容

（4）通过与托育园老师的交流，你认为开展婴幼儿生活保育需要具备的知识和技能有哪些？

（5）收集回访信息。调研执行完毕后，留下调研对象的联系方式，结束后如发现尚未解决的问题，可通过网络、电话等形式回访。

▶▶ **应用与实践** ﹥﹥﹥﹥﹥

云测试

论述题

1. 根据走访托育园所获得的信息，找出并概括托育园一日生活保育与《托育机构保育指导大纲（试行）》相对应的内容。

2. 走访托育园，谈谈你对《托育机构保育指导大纲（试行）》中的托育机构保育应遵循的尊重儿童、安全健康、积极回应、科学规范四个基本原则的理解。

3. 我们常说0～3岁的婴幼儿是最"柔软"的群体，我们该如何呵护这个群体？

単元二

来园活动
照护

学习目标

通过本单元的学习，同学们应当实现如下学习目标。

1. 实施托育园来园前环境的清洁消毒工作，能识别并排除安全隐患。

2. 根据婴幼儿的年龄特点，准备生活用品及活动材料。

3. 实施婴幼儿晨间健康检查，做好晨检记录和在园（所）婴幼儿带药记录。

4. 接待来园的婴幼儿及家长，教育、指导婴幼儿养成良好的来园习惯，合理存放婴幼儿的个人物品。

5. 初步理解婴幼儿依恋的特点及这一情感对婴幼儿身心发展的价值。

6. 初步感知婴幼儿的个体差异性，尊重婴幼儿，尝试开展来园活动的个别安抚、教育工作。

学习建议

为了取得更好的学习效果，建议同学们在学习这部分内容时做到以下几点。

1. 课前预习阅读手册，了解本单元主要的学习任务，收集与来园活动相关的问题及相关视频作为学习的参考资料。

2. 在回答阅读手册中的问题时，除了参考阅读手册，还可以借助相关书籍等参考资料。

3. 借助去托育园走访的见习活动，开展相关内容的调查，操练环境及物品消毒的技能，把所学的知识与托育实践密切结合。

建议学时：1学时。

学习导航

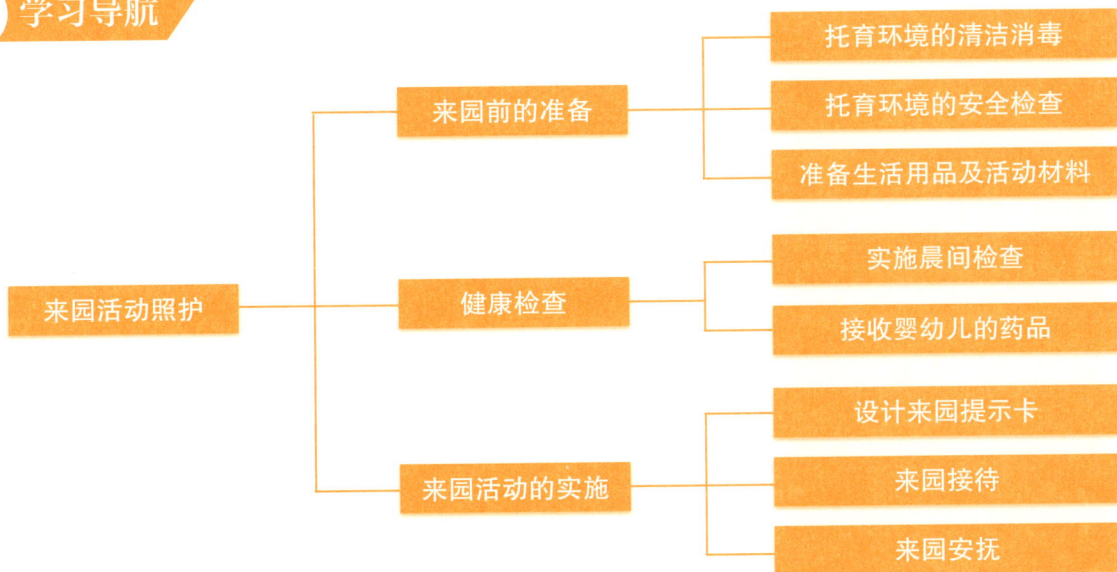

来园活动照护
- 来园前的准备
  - 托育环境的清洁消毒
  - 托育环境的安全检查
  - 准备生活用品及活动材料
- 健康检查
  - 实施晨间检查
  - 接收婴幼儿的药品
- 来园活动的实施
  - 设计来园提示卡
  - 来园接待
  - 来园安抚

相关资料

托班保教人员来园工作流程（节选）

时间	工作内容	工作地点	具体事项
7:30 前到岗	洗净双手，更换适宜的工作服	教室	将更换后的衣服、鞋包及私人物品放入橱柜内
7:30—8:30 ★清洁 ★早点准备	检查班级设施		检查班级内有无设施损坏
	整理清洁活动室及盥洗室等区域	教室	规范摆放班级内教师与婴幼儿的用品 做好教室门窗、婴幼儿可触及的物面和柜面的清洁工作，清扫地面 保证盥洗室干燥、整洁
	准备饮用水	开水房	在饮水桶内准备温度适宜的饮用水
	准备早点环境	教室	在餐点开始前 30 分钟，开始规范清洁消毒桌面 婴幼儿使用的毛巾、水杯等用品按固定位置摆放
8:30—9:15 ★来园接待	接待婴幼儿来园	教室	与家长和婴幼儿打招呼 了解婴幼儿的情况，做好家园共育
	指导婴幼儿洗手	盥洗室	指导婴幼儿正确、规范地洗手 提醒个别婴幼儿如厕

一　来园前的准备

　　《托育机构保育指导大纲（试行）》中明确规定："最大限度地保护婴幼儿的安全和健康，切实做好托育机构的安全防护、营养膳食、疾病防控等工作。"婴幼儿期是身心发展的初级阶段和稚嫩时期。托育园应坚持以婴幼儿为先，将保障其安全和健康作为一切工作的重要前提和基本底线，尊重和保障婴幼儿生存、发展、受保护等权利，提供健康、安全、丰富的生活和活动环境，切实做好托育园的相关工作，最大限度地保护婴幼儿的安全和健康。

　　托育园作为实施婴幼儿保育的重要场所，来园环节是婴幼儿在园一日生活的开始，为婴幼儿创设安全卫生、整洁温馨的物质环境、舒适愉悦的心理环境，有助于实施生活活动，进行生活常规教育，培养婴幼儿良好的生活习惯。

▶▶ 活动1：托育环境的清洁消毒

❶ 活动准备

　　1. 学习阅读手册，了解《上海市托幼机构保育工作手册》（上海教育出版社）、《保育师国家职业技能标准》中有关托育机构消毒的知识。

　　2. 物品准备：含氯消毒片、消毒液配制桶、量杯、水盆、扫把、簸箕、拖把、各区域抹布、洗涤剂等。

　　3. 操作人员准备：用肥皂和流动水洗净双手，整理仪表，不戴戒指，不留长指甲，不披长发，不穿高跟鞋和拖鞋。

❷ 活动过程

　　1. 配制消毒液。在配制消毒液时，应使用有刻度的量杯。在水盆内放入计算好的消毒药品和水，应先加水再加消毒片后加盖，待消毒片完全溶于水后才可使用。

　　准备有效氯含量为 500 mg/ 片的消毒片，分别配制浓度为 250 mg/L 和 500 mg/L 的含氯消毒液 2 000 mL。以配制浓度为 500 mg/L 的含氯消毒液为例：先用量杯准备 1 000 mL 的清水，倒入水盆中，再投入 1 片消毒片即可。

　　2. 空气消毒：开窗通风（每天 2～3 次，每次不少于 30 分钟）。如遇到雾霾天应关窗；在有条件的情况下，应在室内开启空气净化器，待室外空气质量改善后，再开窗通风。

　　3. 室内外清扫：湿性清扫。包干区域保持整洁，不留死角。

　　4. 活动室、卧室预防性消毒：用 250 mg/L 含氯消毒液擦拭物面。

　　5. 盥洗室预防性消毒：用 250 mg/L 含氯消毒液擦拭洗手池，用 500 mg/L 含氯消毒液给马桶、便池及地面消毒。

开展实践活动，回答以下问题。

（1）为什么要对婴幼儿的活动场所、接触的物品等实施清洁消毒？

（2）在整个清洁消毒的过程中，需要注意哪些事项？

❸ 实训练习

2～4人为一组开展实训操作，其中一人操作，其他同学观摩。操作者一边实操一边讲解操作要领，其他同学按照班级环境清洁消毒的评分标准给操作者打分。

扫一扫

班级环境清洁消毒的评分标准

▶▶ **活动2：托育环境的安全检查** >>>>>>

◖ **情境描述** ◗

陈女士一直都把2岁半的女儿红红交给某托育园照看。有一天，红红在托育园划伤了脸，陈女士在托育园接孩子时才得知：女儿在托育园内的厕所摔倒，左眼皮被破瓷砖划伤，到医院缝了5针。时隔3个多月，伤口已愈合，但仍留下了约1厘米长的伤疤，近看较明显。医生称，该伤疤不可能完全消失，最多只能淡化为接近皮肤的颜色。伤在孩子身，痛在父母心，陈女士担心伤疤多多少少会影响女儿的将来。

1.托育园有哪些安全隐患？

2. 我们应该如何防患于未然？

3. 托育园安全检查的内容主要包括班级内外整体环境的安全和物品摆放的安全。小组讨论安全检查的主要内容及处置方式。

（1）班级内外整体环境安全检查的主要内容及处置方式是什么？

（2）物品摆放安全检查的主要内容及处置方式是什么？

4. 以本班教室为检查对象，记录班级一周安全自查情况（见表1-2-1）。

表1-2-1 教室日常安全工作、消防安全工作自查表

检查对象	周一	周二	周三	周四	周五	备注	自查人签名
空调							
电风扇							
电视机							
空气净化器							
电灯							
电脑							
门窗							
水管							
其他设备							

▶▶ 活动 3：准备生活用品及活动材料

◆ 情境描述 1 ◆

　　佳佳最喜欢托育园里的娃娃家游戏，每天来园都会第一时间跑进娃娃家里扮演妈妈。周一，佳佳又是一大早就来到托育园，想着第一个进娃娃家里穿上妈妈的围裙，可是找了一圈也不见妈妈的围裙，原本摆在柜子里的小锅和小碗也没有了，佳佳着急得大哭起来。张老师闻声而来，一问才知道是娃娃家里的东西没有了。这时张老师才突然想起来，娃娃家的材料在上周五都被拿去清洗消毒了。张老师早上忘记把晾干的衣服和玩具放回娃娃家，这才会让佳佳着了急。

◆ 情境描述 2 ◆

　　欣欣有过敏性鼻炎，早上来园时，脸上经常挂着鼻涕。刚开始时，王老师每次看到都会轻轻地帮她擦掉，这却使欣欣有了依赖性，每次鼻涕流出来时，她都会跟在王老师的身后要老师帮忙擦。于是王老师把纸巾盒固定摆在教室内几个最显眼的位置，告诉欣欣和其他小朋友："有眼泪、鼻涕要找纸巾宝宝来帮忙。"小朋友们在王老师的引导下，熟悉了班级里多处放纸巾的位置，欣欣也渐渐地脱离了王老师帮助，小朋友们有眼泪、鼻涕的时候都会找纸巾宝宝来帮忙。

　　根据以上情境，思考并回答下列问题。

　　1. 托育园在婴幼儿来园前除了应做好安全卫生环境的准备，还应为婴幼儿在室内外生活、活动准备哪些用品与材料？

　　2. 家长可以带哪些婴幼儿所需的物品来托育园？应如何合理放置这些物品？

二 健康检查

　　托育园是婴幼儿集体生活、学习、娱乐的场所，婴幼儿又是易感人群，保护婴幼儿的健康是托育园的首要任务。保护婴幼儿的健康关键是预防，晨间检查是托育园为加强传染病防控工作而采取的一种措施，目的是早发现、早防控，对婴幼儿的健康进行保障，将疾病预防工作真正落实到位。

　　抓安全细节从早上入园开始，除了要把病菌扼杀在萌芽中之外，为了避免婴幼儿吞食异物，保教人员还应通过每天的晨间检查对婴幼儿逐一进行检查。若发现婴幼儿身上有异物，如玻璃珠等，先由保教人员保管，放学交予家长并向家长说明可能造成的严重后果。晨间检查是为对婴幼儿的健康进行保障，防止婴幼儿将传染病及危险物品带入园所，具有维护健康、保障安全的双重意义。

▶▶ 活动 1：实施晨间检查

❶ 活动准备

　　1.物品准备：免洗手消毒液、一次性手套、耳温枪、酒精消毒棉片、压舌板、手电筒、晨间检查牌、记录本。

　　2.操作者准备：束起头发，剪短指甲，摘除手表及首饰，洗净双手。

❷ 晨间检查过程

　　1.一问：在家的饮食、睡眠、大小便情况，以及有无发热史、传染病接触史、外出史。

　　（1）教师应该用怎样的语言向家长询问婴幼儿的情况？

　　（2）遇到家长主诉婴幼儿在家中有发热或腹泻等情况时，应该如何处理？

扫一扫

晨间检查

2.二看：面色、精神、皮肤和五官。

如何观察婴幼儿的面色与精神？

3.三摸：额头、淋巴结、腮腺。

4.四查：在传染病高发季节要有重点地进行检查，检查婴幼儿有无携带不安全的物品、食品，检查婴幼儿的卫生情况等。

5.根据检查的结果发放对应的晨间检查牌。

6.将所用物品清理干净，摆放整齐。

❸ 实训练习

2～4人为一组开展模拟实训操作，其中一人扮演婴幼儿，另一人模拟保教人员，其他同学观摩并按照晨间检查的评分标准给操作者打分。

在模拟晨间检查的实训操作中，若遇到有异常情况的婴幼儿，则要正确记录晨间检查情况与全日观察情况记录表（见表1-2-2）。

扫一扫

晨间检查的评分标准

表1-2-2　晨间检查情况与全日观察情况记录表

日期	姓名	晨间检查情况			全日观察情况								交班	
		体温、精神状态、口腔和皮肤的情况等	家长代述	处理	体温	精神状态	食欲	睡眠	小便	大便		处理	要点	签名
										次数	性状			

▶▶ **活动 2：接收婴幼儿的药品** ◇◇◇◇◇◇

● **情境描述** ●

楠楠是班里个子最小的孩子，爸爸妈妈总担心楠楠以后个子长不高。最近，楠楠的妈妈看了网上的帖子，对外国的维生素D补充剂深信不疑，于是买来很多药品。周一早上，楠楠的妈妈拿着一瓶标签上写满英文的药品来园，告诉老师这是新买来给楠楠的补钙滴剂，希望老师每天在午饭后能给楠楠喂几滴，盼着楠楠早日长高。

1. 楠楠的妈妈的做法是否可行？如有不妥的地方，请指出。

2. 当家长带来婴幼儿的药品并要求在园服药时，应该如何处理？

3. 开展模拟晨间检查实训操作，假设遇到需要服药的婴幼儿，学习如何正确记录在园（所）婴幼儿带药记录表（见表1-2-3）。

表 1-2-3　在园（所）婴幼儿带药记录表

日期	班级	姓名	症状	药名及用法	家长签名	用药时间	用药后的不良反应	喂药人签名

三 来园活动的实施

2008 年颁布的《上海市 0～3 岁婴幼儿教养方案（试行）》提到了 0～3 岁婴幼儿教养理念——"关爱儿童，满足需求""以养为主，教养融合""关注发育，顺应发展""因人而异，开启潜能"，明确指出托育园的教养理念是保教一体化，即教育和保育是要有机融合在一起的。婴幼儿的在园一日生活处处皆教育，来园环节是婴幼儿在托育园集体生活的开始，也是托育园与家庭进行良好对接的第一步，是培养婴幼儿文明礼貌、良好生活习惯等的有效途径。来园活动在一定程度上影响着婴幼儿一整天的情绪状态、生活、学习，也影响着家园关系。

保教人员应充分利用来园时段，认真观察婴幼儿的身心状态，努力营造轻松、愉悦的气氛，让婴幼儿愿意与教师、同伴打招呼，愉快地与家人告别。

▶▶ 活动 1：设计来园提示卡 〉〉〉〉〉

❶ 活动准备

1. 物品准备：各种材质的纸、各种彩笔、电脑、流畅的网络等。
2. 资料准备：查找有关托育机构内环境创设、墙面布置的相关资料。

❷ 活动过程

1. 成立合作小组。5 人一组，选出组长 1 名，根据成员的特长分配具体任务。
2. 讨论来园活动中有哪些工作内容、需要达到哪些工作目标。
3. 针对来园活动，设计来园提示卡（见图 1-2-1）。
4. 介绍、分享，组长介绍设计墙面的思路、意义与目的，组员分享自己在活动过程中的心得。
5. 评分，由其他组按照设计来园提示卡的评分标准打分。

图 1-2-1 来园提示卡

扫一扫

设计来园提示卡的评分标准

▶▶ **活动 2：来园接待**

● **情境描述 1** ●

妮妮已经2岁半了，很少跟家人以外的人沟通。每天早上到托育园后，她都不会主动向老师打招呼，老师问她时，她总是害羞地笑笑。平时也不会像其他孩子那样围在老师身边主动说话。

1. 妮妮不愿意打招呼的原因可能有哪些？

2. 怎样才能让妮妮愿意尝试打招呼呢？

3. 除了培养婴幼儿的礼貌行为，来园环节还有哪些良好的习惯需要培养？

● **情境描述 2** ●

小宝是过敏体质，平日接送小宝的奶奶非常疼爱他，这几天季节变化，小宝咳嗽得厉害，奶奶很焦虑。早上来托育园时，奶奶不放心地拉着陈老师嘱咐了很多注意事项："陈老师，这几天我们小宝要忌口，不能吃海鲜。你要让小宝多喝一点水。睡觉的时候，小宝穿在里面的那件小背心是不能脱的。"

1. 来园时，面对焦虑的家长和家长提出的诸多要求，陈老师应该如何应对和处理？

2. 来园接待家长时，保教人员应该做到什么？

3. 学习阅读手册，找出来园接待的意义并写下来。

▶▶ **活动 3：来园安抚** 〉〉〉〉〉

情境描述 1

2 岁的诗恩曾在新加坡的幼稚园念过 2 个月的半日班。原本就害羞内向的她，换了个语言都不通的异国环境，焦虑情绪十分明显，每天哭闹得十分厉害……

第一天入园，诗恩和妈妈一起进了教室，她的哭闹行为让妈妈手足无措，于是趁诗恩不备，妈妈就悄悄离开了。结果，第二天诗恩根本不愿进教室，经过一番激烈"争斗"，妈妈仓皇"逃跑"，诗恩失去了安全感，哭闹不止……

1. 诗恩的妈妈这样做会给孩子造成什么样的影响？家长应该怎么做？

2. 查阅阅读手册，找出依恋的概念，说明依恋的表现及原因。

概念

表现

原因

3. 对婴幼儿依恋行为的有效安抚方式有哪些？

情境描述2

　　因为将孩子送入园后孩子会哭闹不止，诗恩的妈妈越来越不舍得离开孩子，并且时常在教室外逗留，让孩子刚刚平静的情绪又开始波动……

　　孩子入园后一段时间的焦虑情绪完全影响了妈妈，由于诗恩的妈妈也是第一次与孩子长时间分开，感情丰富的妈妈的焦虑情绪又影响了孩子，如此恶性循环，会让孩子的适应托育园之路走得更漫长。

　　如何缓解家长的焦虑情绪？

▶▶ **应用与实践** 〰〰〰〰〰

一、单选题

1. 欲配制浓度为 250 mg/L 的有效氯消毒剂 2 000 mL，需要使用有效氯含量为 500 mg/ 片的含氯消毒片（　　），加水（　　）。

　A. 1 片　　　1 000 mL　　　　　B. 2 片　　　1 000 mL

　C. 1 片　　　2 000 mL　　　　　D. 2 片　　　2 000 mL

2. 下列关于开窗通风的说法不正确的是（　　）。

　A. 开窗通风的频率是每天 2 ～ 3 次

　B. 开窗通风时要打开全部门窗

　C. 中重度雾霾天也要做好开窗通风

　D. 每次开窗通风时间不少于 30 分钟

3. 下列不适宜婴幼儿携带入园的物品是（　　）。

　A. 婴幼儿专用食品　　　B. 纸尿裤　　　C. 替换衣物　　　D. 玩具

4. 婴幼儿全日观察的内容是（　　）。

　A. 体温　　　　　　　B. 精神　　　　　C. 食欲　　　　　D. 以上都是

5. 遇到需要服药的婴幼儿，需要核对的信息是（　　）。

　A. 婴幼儿的姓名及就诊病历

　B. 服用药物的名称及用途

　C. 服用药物的时间及剂量

　D. 以上都是

6. 接待婴幼儿与家长时，要做到（　　）。

　A. 情绪愉悦、态度热情

　B. 耐心听嘱托、做好物品交接工作

　C. 与婴幼儿及家长礼貌打招呼

　D. 以上都是

二、论述题

梳理本单元的学习内容，写出来园环节都包含哪些保育工作。

单元三
盥洗活动照护

学习目标

通过本单元的学习，同学们应当实现如下学习目标。

1. 实施七步洗手法，能帮助或指导婴幼儿正确洗手。

2. 清洁婴幼儿的眼、耳、鼻腔和指（趾）甲，能说出婴幼儿的眼、耳、鼻腔和指（趾）甲的特点和清洁的注意事项。

3. 清洁女童和男童的臀部，能说出女童和男童生理结构的不同和臀部清洁的注意事项。

4. 能说出婴幼儿皮肤的功能、特点以及给婴儿沐浴的注意事项。

5. 给不同年龄段的婴幼儿实施口腔清洁，能说出婴幼儿的口腔特点和口腔清洁的注意事项。

6. 通过家园合作、个别照护与指导，培养婴幼儿良好的盥洗习惯。

7. 通过盥洗活动照护，感受劳动的价值和婴幼儿照护服务的专业性。

学习建议

为了取得更好的学习效果，建议同学们在学习这部分内容时做到以下几点。

1. 课前预习阅读手册，了解本单元主要的学习任务，收集与婴幼儿盥洗相关的问题及视频作为学习的参考资料。

2. 参照《保育师国家职业技能标准》开展实操练习。

3. 可借助社会实践的机会，为婴幼儿盥洗，强化自身的盥洗照护技能，培养自身热爱婴幼儿的职业情感。

建议学时：5学时。

学习导航

盥洗活动照护

- 手部清洁
  - 学会七步洗手法
  - 组织婴幼儿洗手
  - 指导婴幼儿洗手
- 眼、耳、鼻腔及指（趾）甲清洁
  - 说出婴幼儿的眼、耳、鼻腔的特点
  - 清洁婴儿的眼、耳、鼻腔和指（趾）甲
- 臀部清洁
  - 比较男童与女童生理结构的不同
  - 清洁男童与女童的臀部
- 皮肤清洁
  - 说出婴幼儿皮肤的功能及特点
  - 给婴儿沐浴
  - 指导婴幼儿洗脸、擦香
- 口腔清洁
  - 了解婴幼儿的口腔
  - 婴幼儿口腔清洁
  - 指导幼儿漱口
- 培养良好的盥洗习惯
  - 说出幼儿养成不良卫生习惯的后果及原因
  - 矫正幼儿的不良刷牙习惯

情境故事

　　2016年2月18日，40岁的富先生在北京某医院迎来了自己的第二个孩子。2月22日上午10点左右，护士照例把孩子抱走洗澡，10多分钟后，孩子被裹着被子抱了回来，却一直哭闹不止。"刚开始觉得洗澡免不了哭，但是孩子一直闹得特别厉害，喂奶也不吃，我就说看看是不是尿了。"富先生解开纸尿裤后吓了一跳，孩子的下身竟然有大面积红肿，还起了好几个水泡。"护士把孩子烫了都没吱声儿，直接包住给抱回来了，你说气人不气人。"之后，孩子被转到其他医院治疗。医院事发当日的诊断证明书显示，婴儿的臀部、会阴、双大腿烧伤。据了解，事发时婴儿沐浴室的热水器为普通电热水器，按规定，婴儿沐浴时用的流动水的水温需要保持在38℃～40℃，沐浴时所用的水必须先流经护士的手臂，水温适宜才可给婴儿洗澡。该事件中的婴儿或护士可能在洗澡过程中无意间碰到了开关，将水温调高了，从而造成了烧伤。

✏ 学习笔记

一 手部清洁

常言说"病从口入",这说明其实手才是令人感染病菌的罪魁祸首。好好洗手是有效避免病菌进入人体的途径。饭前便后更要洗手。大小便含有各种细菌和寄生虫卵,细菌和寄生虫卵最易通过手由口进入人体,导致蛔虫病、蛲虫病、绦虫病等。此外,细菌性痢疾、急性肠炎、急性胃炎等的发生和流行也与便后不洗手有密切关系。勤洗手是很好的卫生习惯。

洗手看似简单,却大有学问。许多人在洗手时,只是简单快速地搓洗一下手心、手背,就以为已经完成了任务。其实,洗手应遵循七个步骤。倡导正确洗手是预防疾病最简单、最经济的措施之一。

▶▶ 活动1：学会七步洗手法 ◇◇◇◇

❶ 活动准备

1. 环境准备：有流动水的盥洗室或实训室。
2. 物品准备：洗手液、擦手纸或擦手巾。
3. 操作者准备：摘除手上的饰物及手表。

❷ 活动过程

1. 准备：将袖子卷起至前臂中段,如果手上有裂口,需要用防水的胶布盖严,打开水龙头,使双手充分湿润,取适量洗手液于掌心,均匀涂抹至手掌、手背、手指和指缝。

2. 洗手步骤。

第一步：掌心相对,手指并拢相互摩擦(见图1-3-1)。

第二步：手心对手背,沿指缝相互摩擦,交换进行(见图1-3-2)。

第三步：掌心相对,双手交叉沿指缝相互摩擦(见图1-3-3)。

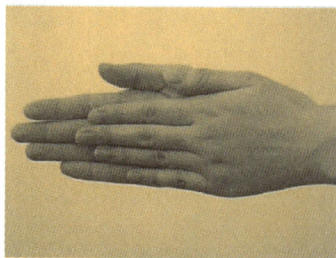 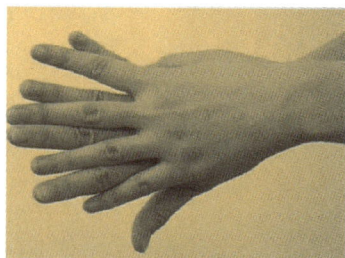 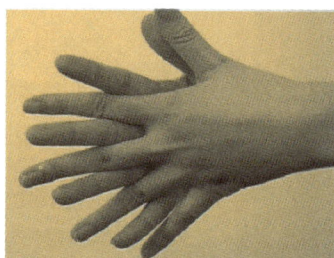

图 1-3-1 　　　　　图 1-3-2 　　　　　图 1-3-3

第四步：一手的指关节弯曲,在另一手的掌心旋转搓擦,然后交换进行(见图1-3-4)。

第五步：一手握另一手的拇指旋转搓擦,然后交换进行(见图1-3-5)。

☂ 扫一扫

七步洗手法
（内外夹弓大立腕）

第六步：指尖在另一手的掌心搓擦（见图 1-3-6）。

第七步：旋转揉搓腕部至肘部（见图 1-3-7）。

 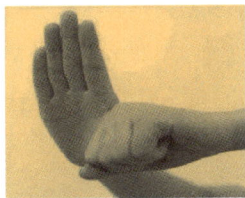 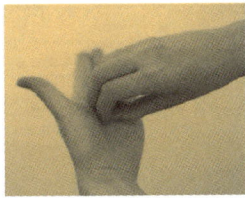 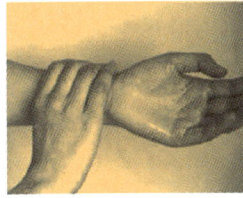

图 1-3-4　　　　　图 1-3-5　　　　　图 1-3-6　　　　　图 1-3-7

每个步骤至少搓擦 5 次，双手搓擦 10 ～ 15 秒，双手稍低置，由手腕、手掌至指尖冲洗，然后擦干。

3. 整理。将所用物品清理干净，摆放整齐。

❸ 实训练习

2 ～ 4 人为一组开展实训操作，其中一人操作，其他同学观摩，操作者一边实操一边讲解操作要领，其他同学按照七步洗手法的评分标准给操作者打分。

扫一扫

七步洗手法的
评分标准

▶▶ 活动 2：组织婴幼儿洗手 〉〉〉〉〉

◉ 情境描述 1 ◉

　　盥洗是婴幼儿在托育园一日生活中的重要环节，教师应组织婴幼儿开展盥洗活动，从而培养婴幼儿的良好卫生习惯。泽泽小朋友由于年龄较小，能力弱，有时候不愿意自己洗手。于是，在每次洗手前，为了让他独立地完成一些简单的事情，老师会告诉他，自己完成洗手会有奖励，泽泽小朋友听到后，立马就认真地模仿起老师的动作来：卷起小袖子，打开水龙头，双手淋淋湿，按点洗手液，手心搓一搓，手背搓一搓。泽泽一边洗还一边说："清清水里冲呀冲，一二三，甩三下，再拿毛巾擦擦干，我的小手真干净。"

◉ 情境描述 2 ◉

　　金金是一个活泼的孩子，很喜欢在洗手的时候唱歌。他每次都对着镜子一边唱一边玩水，老师提醒他后，他停止了这个行为，可是趁老师不注意时又开始了。金金洗完手后，小手也不在洗手池里甩干，直接跑去拿毛巾，手上未擦干的水滴把地面弄得湿答答的，致使在后面擦手的欢欢滑倒了。

根据以上情境，思考并回答下列问题。

学习笔记

1. 婴幼儿为什么需要洗手？

2. 婴幼儿洗手前需要做哪些准备？

环境准备

物品准备

3. 托育园的保教人员在什么时候需要组织婴幼儿洗手？

扫一扫

洗手

▶▶ **活动 3：指导婴幼儿洗手**

🔆 **小小观察员**

请扫二维码观看视频，先观察一下视频中的保教人员在指导婴幼儿集体洗手时都做了哪些工作，再结合阅读手册回答问题并完成学习任务。

1. 指导婴幼儿洗手的准备工作有哪些？

2.如何指导婴幼儿洗手？请画出指导婴幼儿洗手的流程图。

3.写一写指导洗手的儿歌。

扫一扫

七步洗手法
（指导幼儿版）

学习笔记

4.照护不同年龄段婴幼儿洗手的要求是什么？

0～1岁

1～2岁

2～3岁

✎ 学习笔记

二　眼、耳、鼻腔及指（趾）甲清洁

　　眼、耳、鼻是身上最容易产生分泌物的器官。婴幼儿的鼻泪管发育不全，若眼泪无法顺利排出，容易导致眼睛分泌物积累，形成眼屎；婴幼儿易发生呼吸道感染导致流涕，这些都需要及时清理。婴幼儿非常爱动，经常无意识地在自己的身上抓出伤痕，诱发皮肤感染；指甲长了容易藏污纳垢，婴幼儿会吃手，细菌会通过手进入人体，因此需要及时修剪指甲。这些要由保教人员代劳。

　　为婴幼儿做眼、耳、鼻腔及指（趾）甲清洁工作，必须采取较温和的方式。如何既不引发婴幼儿不适，又能达到清洁的目的，是一门学问。

▶▶ **活动 1：说出婴幼儿的眼、耳、鼻腔的特点**

● 情境描述 1 ●

　　宝宝出生以后，任何一点小的状况都牵动着父母的心。许多父母都发现了这个问题：不知道为什么自己的宝宝的眼屎为什么会非常多，不仅黄还黏稠，每次给宝宝擦干净以后，不一会儿就又有了，把宝宝的眼角都擦红了，但还是擦不干净，这究竟是怎么回事呢？

　　是什么原因导致宝宝眼睛的分泌物增多？请查阅阅读手册后回答这个问题。

_____

_____

_____

_____

_____

● 情境描述 2 ●

　　保育员王阿姨昨天给小宝洗澡时，不小心让小宝的耳朵进水了。洗完澡后给他用棉签掏了掏，好像没什么水，但小宝今天总是用手指掏耳朵，说感觉耳朵里面闷闷的，今天王阿姨又用棉签弄了下，有黄水流出来，她有点儿害怕，于是咨询了托育园的保健医生。保健医生说考虑为洗澡时耳内进水然后掏耳朵引起的外耳道发炎。

1. 上述情境中的小宝的外耳道为什么会发炎?

2. 请查阅阅读手册,阐释婴幼儿的耳朵的特点。

● 情境描述3

　　明明的妈妈表示,明明今年3岁了,从很小就开始一年四季流鼻涕,而且还经常咳嗽。一旦感冒,就特别难痊愈。有时带他外出旅行,如果遇上宾馆房间老旧或铺有地毯,他就会立即出现流鼻涕、咳嗽不停等类似感冒的症状,但比感冒更为严重。红红的妈妈表示红红也和明明差不多。

为什么婴幼儿特别容易流鼻涕、鼻塞?请查阅阅读手册,写下依据。

▶▶ **活动2:清洁婴儿的眼、耳、鼻腔和指(趾)甲** ≫≫≫≫≫≫

❶ 活动准备

1. 物品准备:小脸盆一个、小方巾一条、婴儿专用指甲剪、消毒棉签、温水、香油。

2. 操作者准备:束起头发,剪短指甲,摘除手表及首饰,洗净双手;在小脸盆内放入 38 ℃ ~ 40 ℃ 的温水。

☂ 扫一扫

清洁婴儿的眼、耳、鼻腔和指(趾)甲

❷ **活动过程**

准备：将婴儿轻轻抱起，让婴儿仰卧在自己的前臂上。

1. 清洁眼睛。用消毒棉签（或小方巾）蘸少许温水，由内眼角轻轻擦拭至外眼角，避免使水流入婴儿眼中。换一支消毒棉签用同样的方法擦拭另一只眼。

清洁婴儿的眼睛时的注意事项有哪些？

2. 清洁耳朵。用柔软的小毛巾蘸温水后拧至不滴水的程度，只擦耳郭及耳后，尤其要轻轻擦拭耳后下方的皱褶处。给婴儿洗澡时，要防止耳朵进水，若进水可以用松软的消毒棉球将耳道内的水分吸出。禁止给婴儿掏耵聍。

清洁婴儿的耳朵时的注意事项有哪些？

3. 清洁鼻腔。婴儿若因鼻痂堵塞鼻腔而哭闹不止，可先用消毒棉签蘸少许温水，挤干水分后轻轻插入鼻腔旋转，将鼻痂卷出；再用棉签蘸香油润滑鼻腔，但不要将香油滴入鼻腔，操作时动作要轻柔，手捏住棉签头的基部，避免将棉签插入过深。

清洁婴儿的鼻腔时的注意事项有哪些？

4. 修剪指（趾）甲。给婴儿修剪指（趾）甲时，一般要选择婴儿熟睡的时机，可抱着婴儿进行。

第一步：操作者用一只手的拇指和食指按着婴儿的一个指（趾）头，注意力度不要太大，以免弄疼婴儿，另一只手持婴儿指甲剪，仔细查看指（趾）甲上端的白色部分，从指（趾）甲的一端沿着其轮廓剪。

第二步：操作者用自己的手指沿着剪好的指（趾）甲边摸一摸，仔细检查是否有突出的尖角，若有则将尖角磨平。

第三步：及时清理剪下的碎屑，以免损伤婴儿的皮肤。

修剪婴儿的指（趾）甲时的注意事项有哪些？

5.整理。将所用物品清理干净，摆放整齐。

❸ **实训练习**

2～4人为一组开展实训操作，其中一人操作，其他同学观摩。操作者一边实操一边讲解操作要领，其他同学按照眼、耳、鼻腔和指（趾）甲清洁的评分标准给操作者打分。

扫一扫

眼、耳、鼻腔和指（趾）甲清洁的评分标准

三　臀部清洁

婴幼儿的尿便次数较多。婴幼儿的皮肤十分娇嫩，尿布的透气性差，臀部被大小便刺激后，容易发红，如果尿道口被大便污染，还会发生尿路感染。因此，保教人员应及时为婴幼儿更换尿布，并在他们大便后及时为他们清洗臀部。

有些家长发现即使天天洗，宝宝还是会出现"红屁股"的情况，真是令人心疼不已。应该怎样给婴幼儿清洗屁股呢？尤其男童和女童在生理上还有许多不同之处，又该如何区别护理呢？

▶▶ **活动1：比较男童与女童生理结构的不同** ≫≫≫≫≫

📖 **相关资料**

尿路感染是由细菌侵入尿路而引起的。由于婴幼儿尿路感染的症状并不明显，父母并不易察觉到，因此预防工作就显得尤为重要。另外，从婴幼儿尿路感染的发病情况上看，女童的发病率比男童更高，可高出一倍以上，这与女童特殊的生理结构有关。

根据以上描述，请查阅阅读手册，回答下列问题。

学习笔记

1. 为什么女童更易患尿路感染？

2. 应该如何预防婴幼儿尿路感染？

▶▶ 活动 2：清洁男童与女童的臀部 〉〉〉〉〉〉〉

❶ 活动准备

1. 环境准备：保持室内空气新鲜，关闭门窗，调节室温，室内温度控制在 18 ℃～ 22 ℃。

2. 物品准备：婴儿模型一个、脸盆一个、水温计一个、纸巾一包、纯棉纱布两块、干净的纸尿裤一片、干净的衣服一套。

3. 操作者准备：束起头发，剪短指甲，摘除手表及首饰，洗净双手并温暖双手；在盆中加水，先加冷水再加热水，将水温控制在 37 ℃～ 40 ℃。

哪些准备要求与婴幼儿的安全有关？

扫一扫

婴儿臀部清洁
（娃娃版）

❷ 活动过程

1. 女童的臀部清洁。

第一步：先用纸巾从前往后地擦去臀部上残留的粪便。

第二步：举起婴儿的双腿，用一块纱布清洗大腿皱褶处。

第三步：清洗尿道口和外阴，注意一定要按从前往后的顺序，即从尿道口向后清洗到阴道口、肛门。这样的顺序可以减少细菌感染的机会。

第四步：清洗大腿根部，往后清洗至肛门处。

第五步：用另一块干净的干纱布以按压的方式由前往后拭干臀部。

第六步：让臀部在空气中暴露 1 ~ 2 分钟，再换上干净的纸尿裤和衣服。

2. 男童的臀部清洁。

第一步：先用纸巾从前往后地擦去臀部上残留的粪便渍。

第二步：清洗生殖器。如果发现男童的阴茎被粪便污染，可把纱布叠成小方块，蘸水后由上往下清洗，然后用纱布的边缘横着轻轻擦拭根部和容易藏污纳垢的地方，动作要轻柔。

第三步：举起婴儿的双腿，清洗臀部及肛门处。

第四步：用另一块干净的干纱布以按压的方式轻轻拭干阴茎和睾丸处的水渍，再拭干大腿皱褶处、肛门处和臀部的水渍。

第五步，让臀部暴露在空气中 1 ~ 2 分钟，再换上干净的纸尿裤和衣服。

开展实践活动并回答以下问题。

（1）给女童清洗臀部时的注意事项是什么？

（2）给男童清洗臀部时的注意事项是什么？

（3）在清洗男童的生殖器的过程中，为什么不需要特意翻开龟头清洗？

扫一扫

臀部清洁的
评分标准

学习笔记

❸ 实训练习

2 ～ 4 人为一组开展婴幼儿臀部清洁的模拟实训，其中一人操作，其他同学观摩。操作者一边实操一边讲解操作要领，其他同学按照臀部清洁的评分标准给操作者打分。

四 皮肤清洁

婴幼儿的皮肤很娇嫩，局部防御机能差，很容易受伤、感染，因此皮肤的清洁卫生很重要。给婴幼儿沐浴不仅可以去除汗液、尿液和粪便等自身代谢产物，还可以避免细菌侵入、保证皮肤健康。沐浴可对婴幼儿的皮肤产生良性刺激，促进全身血液循环，改善皮肤的触觉区辨能力和对温度、压力的感知能力，提高婴幼儿的环境适应能力。在每次沐浴时检查全身还可以及早发现健康问题。

给婴儿沐浴可是一件不容易的事，需要准备物品、评估婴儿和环境、调好水温、按正确的顺序与方法洗。尤其是给新生儿沐浴，难度更大，很多新手妈妈常常会手忙脚乱、不得要领。看护者需要认真学习如何给婴儿沐浴，只有强化训练，才能得心应手。

▶▶ **活动 1：说出婴幼儿皮肤的功能及特点**

● 情境描述 ●

2021 年 1 月 17 日，福建省漳州市卫健委通报了"大头娃娃"事件。有家长给女婴使用某品牌的"多效特护抑菌霜"后，仅 5 个月大的女婴体重重达 22 斤。女婴脸部出现肥大、多毛、肿大等症状。事件曝光后，该产品经有检测资质的第三方机构检测，已确认含有氯倍他索丙酸酯。氯倍他索丙酸酯是一种人工合成的高效局部外用糖皮质激素类药物，过量使用会造成激素性肥胖、骨关节坏死等。

1. 婴幼儿皮肤的特点是什么？

2. 为什么小小的面霜会造成如此严重的后果？

学习笔记

▶▶ 活动 2：给婴儿沐浴 ➤➤➤➤➤➤

❶ 活动准备

1. 环境准备：关闭门窗，调节室温为 26 ℃～ 28 ℃。

2. 物品准备：婴儿模型、浴盆、脸盆、水温计、浴巾两条、小方巾三条、包被、隔尿垫、衣服一套、干净的纸尿裤一片、沐浴露、洗发水、洗手液、湿巾、纸巾、润肤露、细轴棉签、垃圾桶、垃圾袋、收纳筐。

3. 操作者准备：束起头发，剪短指甲，摘除手表及首饰，洗净双手并温暖双手；在浴盆及脸盆内先放入凉水再放入热水，水位在浴盆的 1/2 ～ 2/3 处；水温调节在 38 ℃～ 40 ℃（用水温计或用手肘内侧试温）。

4. 婴儿准备：洗澡时间选择在饭后半小时至一小时。将婴儿抱到准备台上，脱去衣服，并将衣服放入收纳筐，检查皮肤有无湿疹、划伤等。若皮肤有破损，则不宜洗澡。保留纸尿裤，用大浴巾包裹好婴儿。

在活动准备中，哪些准备要求与婴儿的安全有关？

扫一扫

婴儿沐浴

❷ 活动过程

1. 洗面部。用浴巾包好婴儿，将小毛巾叠成四方形，用其四个角分别擦洗婴儿的眼睛、鼻子以及嘴巴。再将毛巾对折，按顺时针方向擦洗婴儿的额头、左侧脸颊、下颌、右侧脸颊。

2. 洗头部。采用橄榄球抱法将婴儿的双腿夹在左腋下，用左前臂托住其背部，手掌托住头颈部，拇指和中指轻轻反折其两耳，以防止水进入耳朵。

右手拿小方巾将婴儿的头发浸湿，涂少许洗发水轻轻揉搓，用清水将头发冲洗干净后再用小方巾擦干头发。注意动作要轻柔，防止水进入婴儿的眼睛。

将婴儿抱到准备台上，撤去浴巾，脱去纸尿裤放入垃圾桶，检查大小便，如有大小便则用湿巾擦拭干净。

3. 洗身体。用左手腕关节垫于婴儿后颈部，拇指和食指握住婴儿肩部，其余三指在婴儿腋下，呈两上三下姿势，先将婴儿的双脚或双腿轻轻放入水中，再逐渐让水慢慢浸没臀部和腹部，呈半坐位。

打湿全身，清洗完前身再清洗后身。前身的清洗顺序是：前颈、腋窝、前胸、腹部、腹股沟、上肢、手心、手背、指缝、下肢、脚心、脚背、趾缝。清洗完前身后反转婴儿，使其趴在右前臂上，然后清洗后身。后身的清洗顺序是：脖颈、后背、臀部。

4. 出浴。婴儿沐浴的时间不宜过长，应控制在 5 ～ 10 分钟内。洗完后，双手托住头颈部和臀部将婴儿抱出浴盆，放在干浴巾上迅速包好，轻按全身，吸干水分，尤其要注意拭干颈部、腋下、腹股沟处的水分。用干棉签擦拭婴儿脐部周围的水分，用细轴棉签清洁耳朵、鼻腔。

5. 穿衣。给婴儿穿好干净的纸尿裤（如有需要则涂护臀膏），穿上干净的衣裤（如有需要则涂润肤露）。

6. 整理。将沐浴用品清洁干净并摆放整齐，将浴盆中的水倒掉，消毒待用，将婴儿的衣物放入收纳筐并抽时间洗净，给垃圾桶换垃圾袋。

开展实践活动，回答以下问题。

（1）给婴儿沐浴时有哪些注意事项？

（2）给婴儿沐浴时容易出现哪些影响安全的问题？

❸ **实训练习**

2～4人为一组开展婴儿沐浴的模拟实训，其中一人操作，其他同学观摩。操作者一边实操一边讲解操作要领，其他同学按照婴儿沐浴的评分标准给操作者打分。

▶▶ **活动3：指导婴幼儿洗脸、擦香** »»»»»

❶ **活动准备**

1.物品准备：婴儿模型、脸盆、水温计、细软的棉布小毛巾、婴幼儿护肤霜、纸巾。

2.操作者准备：束起头发，剪短指甲，摘除手表及首饰，洗净双手；在脸盆内先放入凉水再放入热水，水温调节在 37 ℃～39 ℃。

❷ **活动过程**

1.洗脸。

擦眼睛、鼻子和嘴：先将洗脸毛巾浸湿，再拧成不滴水的程度；引导婴幼儿闭上眼睛，由内眦向外眦擦洗眼睛；用毛巾擦拭鼻孔边缘；引导婴幼儿闭上嘴，先擦两边嘴角，然后擦嘴唇，最后用毛巾在口周擦拭一圈。

擦面部：指导婴幼儿用毛巾反复在前额、面颊和下颌处画大圈，将面部清洁干净。

擦拭颈部：指导婴幼儿先擦颈部两侧，再擦颈部前边，最后擦颈部后面。

擦拭耳部：指导婴幼儿用毛巾先擦耳孔，再擦耳郭、耳后。

擦干：指导婴幼儿洗脸后，用毛巾将面部的水渍擦干。

2.擦香。

第一步：打开婴幼儿护肤霜，用手指取适量护肤霜。

第二步：让婴幼儿用有护肤霜的手指在额头、鼻子、下颌、脸颊上点一点。

第三步：指导并帮助婴幼儿对着小镜子，在额头左右抹，在鼻子上下抹，在口周画圆圈，双手分别在两侧脸颊画圈。

第四步：引导婴幼儿自己检查是否涂抹均匀，操作者检查并帮助婴幼儿涂抹均匀。

3.整理。

将用品清洁干净并摆放整齐，将脸盆中的水倒掉，消毒待用。

扫一扫
婴儿沐浴的评分标准

扫一扫
洗脸及擦香

学习笔记

在指导婴幼儿洗脸、擦香时需要注意的事项是什么?

❸ 实训练习

2～4人为一组开展指导婴幼儿洗脸、擦香的模拟实训,其中一人操作,其他同学观摩。操作者一边实操一边讲解操作要领,其他同学按照指导婴幼儿洗脸、擦香的评分标准给操作者打分。

五　口腔清洁

口腔健康是正常进食的保证,更是身体健康的基础。2007年世界卫生组织提出,口腔疾病是一个严重的公共卫生问题,需要积极防治。口腔健康与清洁护理对婴幼儿很重要,这是因为婴幼儿的口腔黏膜较嫩,血管丰富,唾液腺发育不足,唾液分泌较少,黏膜较干燥,如果护理不当,不仅易发生口腔疾病,也可能导致消化道和全身疾病,损害健康。同时,婴儿出生6个月左右就会开始长牙,如果不注意口腔清洁极易引发龋齿,因此,口腔清洁需要从婴儿开始。

有的婴儿没长牙齿,有的长了几颗牙。如何给不同年龄段的婴幼儿清洁口腔呢? 针对不同年龄段的婴幼儿可是有不同的方法呢!

▶▶ 活动1:了解婴幼儿的口腔 〉〉〉〉〉〉

情境描述 1

明明满1周岁了,口腔里已经长了4颗乳牙,明明的家长都不太重视明明的口腔健康,从来没有给明明刷过牙、清理过口腔,甚至认为乳牙反正是要更换的,即便出现了龋齿也不需要治疗。

1.学习阅读手册,判断明明牙齿萌出的数量是否正常。用数字标出婴幼儿长牙的顺序(见图1-3-8)。

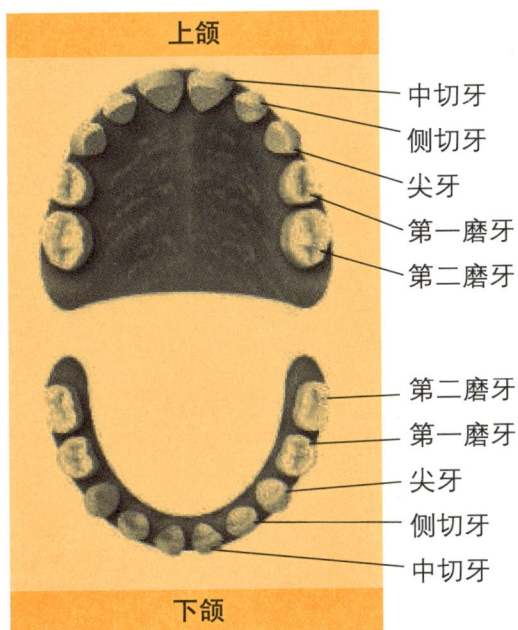

上颌

中切牙
侧切牙
尖牙
第一磨牙
第二磨牙

第二磨牙
第一磨牙
尖牙
侧切牙
中切牙

下颌

图 1-3-8

2. 你认为明明的家长的做法对吗？为什么？

● **情境描述 2** ●

红红快 2 周半了，喜欢吃甜食，尤其是糖果和巧克力，平时也不怎么爱刷牙，即使是妈妈监督她刷牙也只是随便应付一下了事。最近妈妈发现，红红经常会牙龈肿痛，上牙的中间部位基本只剩下黄黑色的牙根了。

1. 红红的牙齿出现了什么问题？是什么原因造成的？

2.婴幼儿常见的口腔问题及影响因素是什么？

口腔问题 _____

影响因素 _____

▶▶ 活动2：婴幼儿口腔清洁 〉〉〉〉〉

❶ 活动准备

1.物品准备：牙齿模型、漱口杯、指套牙刷、细软的消毒纱布（大小约 4 cm×4 cm）、婴幼儿牙刷、婴幼儿牙膏、擦嘴小毛巾。

2.操作者准备：束起头发，剪短指甲，摘除手表及首饰，洗净双手；在漱口杯内放入温水，水温调节在 37 ℃～ 39 ℃。

❷ 活动过程

1.无牙期的口腔护理（见图 1-3-9）。

第一步：准备一块消毒纱布，再准备一杯温水，用温水浸湿消毒纱布，并拧成半干。

第二步：操作者将消毒纱布的一角裹在食指上，将裹纱布的食指伸入婴儿的口腔内，用不同的纱布角分别擦拭上、下牙龈的外侧和内侧。

第三步：用干净的纱布角擦拭舌头。

2.一岁内长牙期的口腔护理（见图 1-3-10）。

第一步：在使用前将指套牙刷清理干净，将它放入沸水里煮一两分钟进行消毒。

第二步：调整好婴儿在怀中的位置，使婴儿的头部尽量往后仰，然后将指套牙刷佩戴在手上，小心地擦拭婴儿的牙齿和牙龈部分，重点清理对象为牙齿与牙床交接的地方及牙缝，清除牙龈和乳牙上残留的奶渍和辅食，注意动作要轻柔。

扫一扫

刷牙

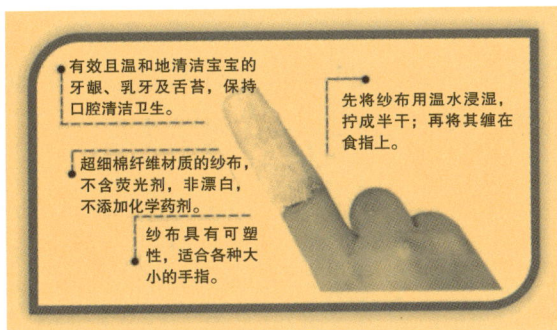

图 1-3-9 无牙期的口腔护理

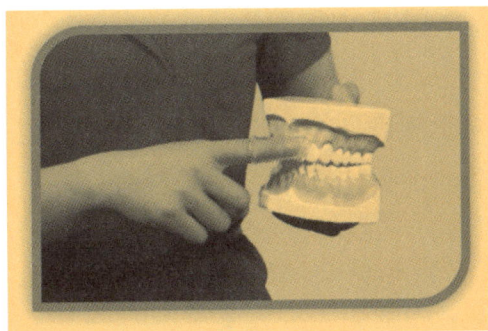

图 1-3-10 一岁内长牙期的口腔护理

3. 一岁以上幼儿的口腔护理（见图 1-3-11）。

第一步：将牙刷用温水浸泡 1 ～ 2 分钟，使刷毛变得柔软。

第二步：选择适合一岁以上的幼儿的可吞咽的含氟牙膏，取一粒米大小的牙膏置于牙刷上。

第三步：手握牙刷柄后的 1/3 处，使用巴氏刷牙法刷牙。刷内外牙面时，上牙要顺着牙缝向下刷，下牙要顺着牙缝向上刷，不要横着刷。外牙面也可以画圈刷，咬合面可以来回刷。刷门牙的里面时，把牙刷竖起来刷。每个面要刷十次，以达到清洁牙齿的目的。

第四步：用温水含漱数次，直至牙膏泡沫完全漱干净为止。

第五步：擦洗嘴角及面部残余水渍。

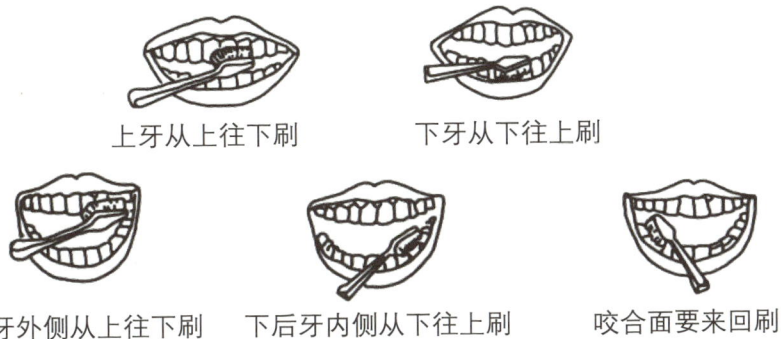

上牙从上往下刷　　下牙从下往上刷

上后牙外侧从上往下刷　　下后牙内侧从下往上刷　　咬合面要来回刷

图 1-3-11 巴氏刷牙法

4. 整理。将所用物品清洁整理，摆放整齐。

婴幼儿练习刷牙的注意事项是什么？

扫一扫

婴幼儿口腔清洁的
评分标准

扫一扫

指导幼儿漱口

❸ 实训练习

2～4人为一组开展婴幼儿口腔清洁的模拟实训，其中一人操作，其他同学观摩。操作者一边实操一边讲解操作要领，其他同学按照婴幼儿口腔清洁的评分标准给操作者打分。

▶▶ 活动 3：指导幼儿漱口 >>>>>

💡 **小小观察员**

请扫二维码观看视频，观察视频中的幼儿在漱口时，保教人员都做了哪些指导。请画出漱口指导的流程图，记录指导幼儿漱口的儿歌并回答相关问题。

1. 画出漱口指导的流程图。

2. 查找指导幼儿漱口的儿歌一首，并记录。

3. 你会处理个别幼儿漱口时出现的问题吗？
（1）对于不会漱口的幼儿，你的做法是什么？

📝 学习笔记

（2）对于不认真漱口的幼儿，你的做法是什么？

（3）对于乱吐漱口水的幼儿，你的做法是什么？

六 培养良好的盥洗习惯

　　盥洗是托育机构一日活动中寻常又不可或缺的一部分，良好的盥洗习惯是婴幼儿健康成长的重要保障。我们通过观察可发现，盥洗已成为婴幼儿最常做的事情，贯穿一日活动的每个时间点。而在实际的盥洗活动中，有些婴幼儿并没有养成良好的盥洗习惯，没有规范洗手、没有有序排队及其他不遵守规则的行为屡屡出现，长此以往会影响婴幼儿的健康成长和良好行为习惯的养成。

　　婴幼儿需要养成的盥洗习惯包括正确洗手、刷牙、漱口、洗脸、洗脚、洗屁股，以及定期洗头洗澡和按时剪指甲等，并逐步建立起良好的盥洗自理能力。

▶▶ 活动1：说出幼儿养成不良卫生习惯的后果及原因 〉〉〉〉〉

💡 小小观察员

　　请扫二维码观看视频，观察视频中的幼儿有哪些不良卫生习惯。如果有请指出问题，并提出改正的方法。

　　1.不良卫生习惯有哪些？

☂ 扫一扫

幼儿不良洗手习惯

2.帮助幼儿改正不良卫生习惯的方法有哪些？

扫一扫

幼儿的不良刷牙习惯

▶▶ **活动 2：矫正幼儿的不良刷牙习惯**

❶ **活动准备**

1.环境准备：选择通风且采光良好的环境。

2.物品准备：婴幼儿牙刷、婴幼儿含氟牙膏、漱口杯、擦嘴小毛巾、记录本、签字笔、消毒剂、洗漱台、椅子。

3.操作者准备：着装整齐，束起头发，剪短指甲，摘除手表及首饰，洗净双手，具备矫正幼儿的不良刷牙习惯的相关知识。

❷ **活动过程**

1.第一步：观察情况。

观察幼儿目前的刷牙情况，向家长询问幼儿既往的刷牙习惯，如幼儿有无不刷牙、不用含氟牙膏刷牙、刷牙时间过短、刷牙方法不正确（如用横拉法刷牙）等不良刷牙习惯。

你与家长沟通的内容是什么？

2.第二步：强调刷牙的重要性，提出刷牙要求，实行刷牙干预。

（1）对幼儿进行有关刷牙的健康教育，如需要刷牙的原因、何时需要刷牙、刷牙的方法步骤、刷牙的注意事项等。

你的健康教育的内容是什么？

（2）采用刷牙歌、刷牙谣、刷牙图等多种教育形式相结合的方式，增加幼儿刷牙的乐趣。

你选择的方式是什么？

你开展的教育活动的内容是什么？

（3）与幼儿或其家长聊天，问清楚其不刷牙的原因。有一部分幼儿是不习惯或不会刷牙，对此我们要安慰幼儿，消除其担心、害怕、紧张的情绪。

你面对的幼儿的不良刷牙习惯有哪些？

3. 第三步：纠正幼儿的不良刷牙方法及刷牙习惯。

你的纠正对策是什么？

学习笔记

学习笔记

4.第四步：帮助幼儿及早养成良好的口腔卫生习惯。

在喂养中避免不良的喂养方式，纠正幼儿夜间进食的习惯，特别是含奶入睡的习惯，预防龋齿。

❸ **整理**

将所用物品清洁整理，摆放整齐。

通过以上活动，回答以下问题。

1.指导幼儿刷牙的注意事项是什么？

2.如何与家长协同矫正幼儿的不良刷牙习惯？

云测试

▶▶ **应用与实践** ≫≫≫≫≫

一、单选题

1.（ ）婴儿乳牙全部出齐。

A. 1 岁左右　　　　B. 1 岁半左右　　　　C. 2 岁左右　　　　D. 3 岁半左右

2.（ ）是对形成龋齿的原因不正确的描述。

A. 乳牙牙釉质薄　　　　　　　　B. 出牙较晚

C. 容易被腐蚀　　　　　　　　　D. 牙本质较松脆

3.（ ）是对婴儿皮肤的特性不正确的描述。

A. 保护功能差　　　　　　　　　B. 体温调节能力强

C. 代谢活跃　　　　　　　　　　D. 皮肤渗透作用强

4.（ ）要在 2～3 天内避免剧烈运动，不要洗澡，以免感染。

A. 接种疫苗后　　　　　　　　　B. 接种疫苗前

C. 游戏前　　　　　　　　　　　D. 游戏后

5.婴儿生理性流涎的原因是（　　）。

A.舌宽而厚　　　　　　B.口腔浅

C.口腔比较干燥　　　　D.分泌的口水较少

6.婴儿二便后不正确的清洁方法是（　　）。

A.便后洗手　　　　　　B.用温水洗屁股

C.便后将便盆清洗消毒　　D.女童大便后一定要从后向前擦

7.给婴儿放洗澡水时，顺序正确的选项是（　　）。

A.先放冷水，后放热水，再放婴儿

B.先放冷水，后放婴儿，再放热水

C.先放婴儿，后放热水，再放冷水

D.先放热水，后放婴儿，再放冷水

8.下面选项描述正确的是（　　）。

A.女童还小，不用清洗外阴

B.女童的外阴可以用肥皂液冲洗

C.清洗女童的下身时从前往后冲洗

D.女童的下身要前后一起洗

二、论述题

随着生活水平的提高，婴幼儿龋齿的发生率也在逐年提高，又黄又黑的龋齿不仅影响婴幼儿的形象，严重的会影响到牙根发育、颌骨发育、进食及语言功能，甚至还会影响到婴幼儿的面容。根据你所学的知识，谈一谈如何预防婴幼儿龋齿。

单元四

如厕活动照护

通过本单元的学习，同学们应当实现如下学习目标。

1. 为婴幼儿营造良好的如厕环境，并说出影响婴幼儿如厕的因素。

2. 识别婴幼儿的如厕信号，并根据年龄特点采取恰当的回应方式。

3. 为不同年龄段、不同性别的婴幼儿更换纸尿裤，能说出更换纸尿裤时需注意的事项。

4. 说出婴幼儿如厕训练的时机，会实施如厕训练。

5. 辨别婴幼儿的异常便，会实施异常便的留样和处置。

6. 指导婴幼儿自主如厕，组织婴幼儿集体如厕，能说出婴幼儿集体如厕的流程，并做好记录。

7. 通过家园合作、个别照护与教育指导，培养婴幼儿良好的如厕习惯。

8. 照护婴幼儿如厕，体验婴幼儿照护的专业性，培养细心、耐心和吃苦耐劳的精神。

学习建议

为了取得更好的学习效果，建议同学们在学习这部分内容时做到以下几点。

1. 课前预习阅读手册，了解本单元主要的学习任务，收集与婴幼儿如厕相关的问题及视频作为学习的参考资料。

2. 在回答行动手册的问题时，除了可以参考阅读手册之外，还可以借助《保育师国家职业技能标准》《育婴员国家职业技能标准》及其他相关资料。

3. 走访母婴用品店，了解尿布及纸尿裤的类型和适用年龄。

4. 借助实训的机会，或利用假期、周末，开展婴幼儿如厕照护实践，强化自身的如厕照护技能，培养自身热爱婴幼儿的职业情感。

建议学时：3学时。

学习导航

如厕活动照护
- 如厕前的准备
  - 说出婴幼儿二便的特点
  - 了解婴幼儿二便的保育要点
  - 如厕环境的准备
- 婴幼儿如厕
  - 更换纸尿裤
  - 说出婴幼儿如厕训练的时机
  - 指导婴幼儿自主如厕
  - 组织婴幼儿集体如厕
  - 矫正婴幼儿不良的如厕习惯
- 如厕后的整理
  - 识别异常便并留样
  - 便后清洁与消毒

情境故事

　　某托育园托大班的唐老师每天都清洁、消毒托育园内的卫生间，备好厕纸、擦手毛巾等，将其放在易于婴幼儿拿取的地方，保持如厕环境安全、整洁、干燥。如果发现婴幼儿有如厕信号，就会耐心地引导婴幼儿自主如厕，并在一旁观察、指导。婴幼儿如厕后，唐老师还要亲自检查婴幼儿的大小便，以观察婴幼儿是否有异常便，如发现异常会及时留样，并报告保健医生。婴幼儿如厕结束后，唐老师会指导婴幼儿洗手，并对厕所环境、设施及时进行清洁、消毒。当发现有婴幼儿将大小便弄到身上时，她会耐心地处理，同时注意呵护婴幼儿的自尊心，并做好婴幼儿如厕记录。

一　如厕前的准备

　　如厕看似是一个很普通的生活活动，其中却蕴含着许多重要的生理价值和心理价值。从现实生活来看，不少婴幼儿在家如厕时，被大人包办得太多，再加上入园后照护人、如厕方式及如厕器具的改变，对多数婴幼儿来说，在园如厕成为一种挑战。因此，保教人员在照护婴幼儿在园如厕之前，只有做好充足的准备才能保证婴幼儿的如厕安全和提高如厕成功率。保教人员应在婴幼儿如厕之前做些什么呢？如厕前，还要给婴幼儿哪些心理提示呢？

▶▶ 活动1：说出婴幼儿二便的特点

相关资料

　　孩子的小便次数是多少才算正常？正常来说，一天应该要有6次以上的小便，6个月以前的孩子可以有20～30次。尿量及次数会受到食量和气温的影响，如果孩子吃得多、喝得多或者是气温比较低，尿的次数就可能增多，尿量也比较大。每个孩子之间存在个体差异。

孩子的大便次数也是不固定的。刚出生的宝宝大便次数很多，有时就是放屁也会拉出一点。孩子的大便次数也会受到不同食物的影响，只要孩子的大便正常，体重正常，即使次数多也不用太担心。

根据以上材料，结合阅读手册，找出婴幼儿二便的特点。

小便	
大便	

▶▶ 活动 2：了解婴幼儿二便的保育要点

📖 **相关资料**

婴儿的大小便靠反射动作排出，无法自己控制；2~3岁的幼儿在生理上已成熟，可以随意控制排便的肌肉。当婴幼儿在内急时，不需要提醒，自己就能走向马桶，脱下裤子大小便，之后再穿好裤子，这就是所谓完成如厕训练了。从随意排泄到自主如厕的变化离不开照护者的科学引导，这里涉及许多保育的内容。

请查阅阅读手册，找出 7 ~ 12 月龄、13 ~ 24 月龄、25 ~ 36 月龄婴幼儿二便的保育要点。

7 ~ 12 月龄	
13 ~ 24 月龄	
25 ~ 36 月龄	

▶▶ **活动 3：如厕环境的准备** >>>>>>>

🙂 **情境描述 1** 🙂

　　托育园的萌萌小朋友肚子不舒服，张老师带他上了卫生间，发现萌萌的大便很稀，是水样便，张老师帮助萌萌擦好了屁股，简单地冲了厕所后就忙着做其他的事情了。第二天，托育园陆续又发现多位小朋友出现了像萌萌一样的症状，后来了解到这些小朋友都感染了诺如病毒，这种病毒可通过粪口途径（包括摄入粪便或呕吐物产生的气溶胶）传播，或通过间接接触被排泄物污染的环境而传播。

　　根据以上情境，请小组合作，查阅阅读手册中的相关资料，写下你们的分析和建议。

　　1.造成诺如病毒传播的主要原因是什么？请提出改进建议。

　　2.查阅阅读手册，写一写如厕前的物质准备主要包括哪些内容。

🙂 **情境描述 2** 🙂

　　托育园的王老师给宝宝换纸尿裤的时候，从来都是只管换纸尿裤，不与宝宝进行眼神和语言的交流，她认为，宝宝的年龄小，听不懂，也不会说话，换纸尿裤的动作做对就行了，其他那些眼神和语言互动没啥必要。

　　1.王老师的做法对吗？请写出理由。

2.查阅阅读手册，写一写如厕前的精神准备主要包括哪些内容。

扫一扫

给宝宝换尿布

二 婴幼儿如厕

上厕所是成年人每天习以为常的事情，但对从小穿着纸尿裤的婴幼儿来说，必须在生理和认知能力渐渐成熟时，才能学会自主如厕。在婴幼儿没有学会如厕之前，保教人员需要及时给婴幼儿更换纸尿裤。针对 15～18 月龄的幼儿，保教人员应根据幼儿的发育能力，在适当的时候耐心引导，让幼儿学会自主如厕；他们掌握如厕技能后，还需要定时组织集体如厕活动。

▶▶ 活动 1：更换纸尿裤

❶ 活动准备

1.物品准备：婴儿模型、湿巾、干净的纸尿裤、专用盆、专用毛巾、护臀霜、收纳盆。

2.操作者准备：束起头发，剪短指甲，摘除手表及首饰，用七步洗手法洗净双手。

❷ 活动过程

1.做好准备工作。

将准备好的湿巾、干净的纸尿裤、专用盆、专用毛巾、护臀霜、收纳盆等物品放在伸手能够到的地方。

2.换下脏的纸尿裤。

第一步：把需要更换的纸尿裤的腰贴打开并折叠，以免与婴幼儿的皮肤接触。

第二步：用一只手将婴幼儿的双足轻轻抬起，另一只手将纸尿裤由前向后取下，顺势用未污染的纸尿裤的边缘由前往后擦拭臀部，将排泄物裹在纸尿裤里面，干净的一面朝上，然后对折垫于婴幼儿臀部下面。

第三步：用湿巾或者专用毛巾蘸温水从前往后地将臀部洗净、擦干。采取以下方式，使婴幼儿的臀部变得干燥：或自然晾干，或用温风吹干，或用一块干净的毛巾轻轻拍干。根据需要涂抹适量的护臀霜。

第四步：把包裹好的脏的纸尿裤拿走，放在一旁带盖的收纳盆中。

3.更换新的纸尿裤。

第一步：取出一片新的纸尿裤，把纸尿裤上下全部打开，将干净的纸尿裤放在婴幼儿的腰臀部；再将纸尿裤固定在脐下，注意粘条不能与婴幼儿的皮肤接触。

第二步：调整纸尿裤的松紧程度，保留一指的余地，调整防侧漏带。

第三步：给婴幼儿穿好衣服，把其放在一个安全的地方。

4.整理。

第一步：将换下的纸尿裤收纳好，彻底清洗双手。

第二步：将其他用品清洁整理，摆放整齐。

❸ 实训练习

2～4人为一组开展实训操作，其中一人操作，其他同学观摩，操作者一边实操一边讲解操作要领，其他同学按照更换纸尿裤的评分标准给操作者打分。

❹ 总结与反思

1.操作中容易失误扣分的方面有哪些？

2.具体的调整措施是什么？

扫一扫

更换纸尿裤的评分标准

▶▶ **活动 2：说出婴幼儿如厕训练的时机** 〉〉〉〉〉〉

☺ 情境描述 1 ☺

　　早上起床后，妈妈会把 1 岁半的雅乐放在便盆上。雅乐会坐在便盆上玩玩具、咿呀地唱歌，甚至玩手指头，但就是不会拉粑粑，每次无论多久都不行。然而，雅乐只要穿上裤子就拉了，妈妈很是头疼，到底怎样训练比较合适呢？

　　你认为从什么时候开始训练雅乐如厕比较合适呢？是不是越早越好呢？为什么？

☺ 情境描述 2 ☺

　　托育园的小刘老师给宝宝做如厕训练的成功率特别高，被园所的同事称作"如厕训练小能手"。交流经验的时候，她说："做好如厕训练先要学会仔细观察宝宝，要看准时机训练，掌握时机是如厕训练成功的基础。"

　　小刘老师的说法对吗？请查阅阅读手册罗列出婴幼儿如厕训练的时机。

▶▶ **活动 3：指导婴幼儿自主如厕** 〈〈〈〈〈

☺ 情境描述 1 ☺

　　宝宝满 3 岁了，都可以背着小书包去托育园上学了，但宝宝还没学会自主如厕，整天穿着纸尿裤。宝宝的妈妈说："我能有什么办法呢？做了如厕训练，但宝宝死活学不会。一把他带到厕所就抗拒，根本就不坐准备好的小马桶，只能一直穿着纸尿裤，训练了半年都没学会如厕，不知道是我太笨了还是孩子太笨了……"

如果宝宝分到你的班里，请分小组讨论以下问题。

1. 在对宝宝开始如厕训练前应该做好哪些评估或准备？

2. 在对宝宝进行如厕训练的过程中应该做好哪些指导或解释？

3. 在宝宝如厕结束后应该做好哪些指导或解释？

情境描述 2

托育园托小班的小朵有几次早上入园的时候一直哭着说不想去托育园。王老师在跟家长交谈后，了解到原来是因为小朵最近总是尿湿裤子，经常换裤子，这让她感觉到非常自卑。王老师通过观察发现小朵的性格较腼腆、敏感，小朵小便前脱裤子、蹲下的姿势也不标准。

1. 针对小朵的情况，如果你是王老师，你的做法是什么？

学习笔记

2. 在指导婴幼儿如厕的过程中需要注意哪些事项？

▶▶ **活动 4：组织婴幼儿集体如厕**

⊙ **情境描述 1** ⊙

　　小张是托育园的新老师，在组织托大班的小朋友集体如厕时，小张老师觉得小朋友年龄比较小，不太会脱裤子，就好心地帮助每一个小朋友把裤子脱到膝盖以下，让他们排队上厕所。然而，"脱裤子排队上厕所"这一情景刚好被来访的家长看到了。家长质疑："宝贝们是一个个光着小屁屁排队等着的啊！这天气越来越冷了，会不会感冒啊？这还有走光的问题呢！"

⊙ **情境描述 2** ⊙

　　托大班的小朋友集体小便时，因为排队的小朋友较多，红红快憋不住了，轮到她时，她着急地把裤子脱到一半就跨向便槽，结果小脚踩在了便槽里，接着就摔倒了，自这次经历后，红红都不敢自己上厕所了。

　　结合以上情境并查阅阅读手册，以小组为单位讨论并回答以下问题。

　　1. 婴幼儿集体如厕时的照护要点有哪些（至少写出 3 点）？

2. 请画出指导婴幼儿集体如厕过程的流程图。

3. 婴幼儿集体如厕过程中易出现什么突发事件？应对策略有哪些？

4. 婴幼儿集体如厕时容易出现什么问题？该如何排除安全隐患？

▶▶ **活动 5：矫正婴幼儿不良的如厕习惯**

小小观察员

请扫二维码观看视频，观察视频中的婴幼儿有哪些不良的如厕习惯。如果有，请指出问题并给出矫正不良的如厕习惯的建议。

1. 不良的如厕习惯有哪些？

扫一扫

幼儿不良如厕习惯

2.针对这些不良的如厕习惯，具体的调整的措施有哪些？

● 情境描述 ●

　　户外活动前，孩子们要分组如厕、喝水。王老师提醒经常尿裤子的青云赶快去小便。青云摇摇头说："我不要。"当孩子们来到大草地上和老师一起玩游戏时，只见青云两腿夹得紧紧的，一边踩脚一边告诉老师："我要小便。"还没等老师开口，青云就把裤子尿湿了。经过与家长沟通，王老师发现青云在家也有憋尿的习惯，经常要憋到很急的时候才告诉爸爸妈妈，有时憋不住了就会尿裤子。

1.针对青云的这种情况，如果你是王老师，你的做法是什么？

2.婴幼儿还有哪些不良的如厕行为呢？写出相应的指导对策。
（1）简述你了解的第一种婴幼儿的不良的如厕行为及指导对策。

（2）简述你了解的第二种婴幼儿的不良的如厕行为及指导对策。

（3）简述你了解的第三种婴幼儿的不良的如厕行为及指导对策。

三 如厕后的整理

如厕后的整理也是照护工作的重要内容，不仅是培养婴幼儿自我照护技能的一个重要的环节，还是及时发现婴幼儿疾病的一个重要的途径，同时，及时清洁消毒也是保障婴幼儿安全健康的基础。

▶▶ 活动 1：识别异常便并留样

⊙ 情境描述 1 ⊙

王女士的儿子2岁半了。她每次为孩子换尿不湿后就直接扔掉，忽视了他的尿液问题。直到最近，王女士发现儿子上厕所的次数越来越频繁，尿液变黄且有味道，才觉得事情有点不对劲。带孩子在小区遛弯时，王女士和另外两位家长谈了这件事，他们一致认为孩子是"上火了"，只要多喝水就会好起来的。听了他们的话，王女士也觉得自己有点大惊小怪，也就没将此事放在心上。但是第二天孩子的情况没有好转，王女士这才想起带孩子去医院检查。检查后医生的回答让她大吃一惊。医生郑重地对王女士说："这不是上火，而是病毒性肝炎！"

1. 你还知道哪些婴幼儿小便异常的表现？请简要写出。

2. 在托育园里，对疑似有问题的小便应如何留样？

扫一扫

如厕

情境描述 2

2岁半的成成，平时喜欢吃荤菜和水果，蔬菜摄入较少，最近三四天才排一次便。今天，他的大便中带着鲜血，为成成擦拭肛门时，手纸上可见血迹。

1. 成成可能出现了什么问题？应如何进行正确引导？

2. 查阅阅读手册，归纳婴幼儿大便异常的表现。

3. 在托育园里，对疑似有问题的大便应如何留样？

▶▶ **活动 2：便后清洁与消毒** 〉〉〉〉〉〉

情境描述 1

托育园的敏敏正在便后擦屁股，只见他把屁股翘得高高的，手里拿着一大沓手纸，拉完后就拿起一张纸（较大的完整的手纸）擦起了屁股，一擦，手纸中间被擦破了一个洞，他马上一扔，再拿一张纸来擦，然后又有一个洞，再扔……拉一次大便，手纸用了一大堆，屁股擦得并不干净，且手也弄脏了。

1.针对敏敏的这种情况，如果你是保育老师，你的做法是什么？

2.请画出指导婴幼儿便后清洁的流程图。

情境描述 2

某托育园的家长反映，包括她的小孩在内的 30 多名婴幼儿于 11 月 19 日午后出现呕吐、腹泻的现象，部分病情相对较重的婴幼儿被送往医院就诊，他们怀疑是食物中毒。记者于 11 月 21 日下午从市药监局获悉，11 月 19 日，该园的婴幼儿在吃过午餐后，从下午 3 点开始，陆续感到肚子不适，被送到附近医院接受治疗。截至 20 日晚上 8 点，所有婴幼儿的病情好转并已离开医院回家。市疾控中心进行了流行病学调查，确定为诺如病毒感染事件，排除了食物中毒的可能。

学习笔记

针对以上这种情况，如果你是保育老师，当你第一次发现有婴幼儿出现腹泻时，你会如何开展如厕环境的预防性消毒？

云测试

▶▶ **应用与实践**

单选题

1.对于培养婴幼儿大小便的习惯表述不正确的选项是（　　）。

A. 2 岁后要穿整裆裤　　　　　　B. 婴幼儿可以随地大小便

C. 成人要有耐心　　　　　　　　D. 婴幼儿会走后白天不要用尿布

2.对于训练婴幼儿使用便盆表述不正确的选项是（　　）。

A. 注意观察婴幼儿大小便的信号，及时做出反应

B. 婴幼儿学会用动作或语言表示要大小便时应及时给予鼓励和表扬

C. 使用便盆时可喂食或玩玩具

D. 外出时不要让婴幼儿随地大小便

3.对尿布疹的护理不正确的是（　　）。

A. 注意婴幼儿臀部的清洁，保持婴幼儿臀部的干燥

B. 选择浅色全棉尿布，二便后及时更换尿布

C. 清洗尿布后，要在阳光下晒干后方可给婴幼儿用

D. 选择适宜的化纤材质的尿布

4.避免婴幼儿便秘采取的措施不正确的是（　　）。

A. 增加饮水量并每天适当进行腹部按摩

B. 减少食量并每日进行腹部按摩

C. 增加饮水量，减少食量

D. 多吃高热量的食物

5.培养婴幼儿的二便卫生习惯要循序渐进，而且要（　　）。

A. 强迫婴幼儿按要求去做　　　　B. 及时给予鼓励和表扬

C. 用食物逗引婴幼儿　　　　　　D. 提早训练

6.培养婴幼儿有规律地大小便，可以在大脑建立起一系列的（　　），从而提高机体的工作效率，以保证各器官更好地工作和休息。

A.神经反射　　　　　　　　　B.吞咽反射

C.吸吮反射　　　　　　　　　D.条件反射

7.培养良好的二便习惯和生活方式有利于（　　）。

A.提高婴幼儿动作的灵活性

B.提高婴幼儿的社会交往能力

C.提高婴幼儿机体的工作效率

D.促进婴幼儿的智力发展

8.培养婴幼儿的二便习惯要（　　）。

A.抓准间隔时间提前提醒　　　B.提早训练

C.以家长的威严制服婴儿　　　D.用食物逗引婴儿

9.婴幼儿二便后不正确的清洁方法是（　　）。

A.便后洗手　　　　　　　　　B.用温水洗屁股

C.便后便盆清洗消毒　　　　　D.女婴大便后一定要从后向前擦

单元五

进餐活动照护

学习目标

通过本单元的学习，同学们应当实现如下学习目标。

1. 陈述婴幼儿的营养需求与膳食要求，分析婴幼儿的一日食谱，简单制作适合不同年龄段的婴幼儿的膳食。

2. 演示婴幼儿良好的进餐环境，概括出影响婴幼儿食欲的因素。

3. 选择不同的方式喂哺婴幼儿，归纳喂哺婴幼儿的原则。

4. 组织婴幼儿集体进餐，能陈述婴幼儿进餐的指导要点。

5. 陈述特殊儿的饮食要求，在进餐时细心照顾特殊儿（肥胖儿、体弱儿等）。

6. 会实施餐后的整理与活动组织。

7. 通过家园合作、个别照护与教育指导，培养婴幼儿良好的进餐习惯。

8. 照护婴幼儿进餐，体验婴幼儿照护的专业性，做事要细心、耐心，要有吃苦耐劳的精神。

学习建议

为了取得更好的学习效果，建议同学们在学习这部分内容时做到以下几点。

1. 课前预习阅读手册，了解本单元主要的学习任务，收集与婴幼儿进餐相关的问题及视频作为学习的参考资料。

2. 在回答行动手册的问题时，除了可以参考阅读手册，还可以借助《保育师国家职业技能标准》《育婴员国家职业技能标准》及其他相关资料。

3. 通过走访母婴用品店，了解不同类型婴幼儿的餐具和适用年龄。

4. 可借助实训的机会，或利用假期、周末，开展婴幼儿进餐照护实践，强化自身的进餐照护技能，培养自身热爱婴幼儿的职业情感。

建议学时：3学时。

学习导航

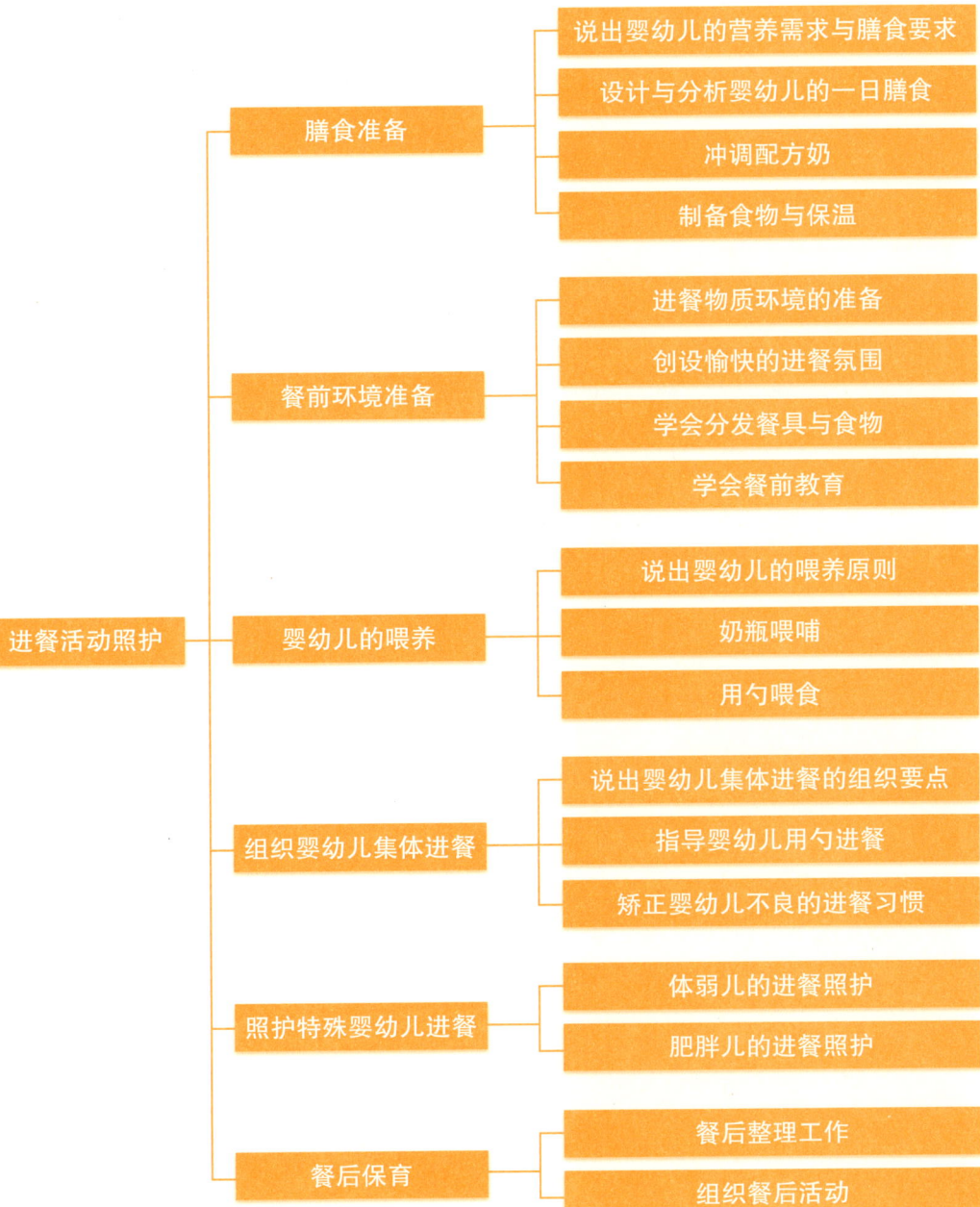

进餐活动照护
- 膳食准备
  - 说出婴幼儿的营养需求与膳食要求
  - 设计与分析婴幼儿的一日膳食
  - 冲调配方奶
  - 制备食物与保温
- 餐前环境准备
  - 进餐物质环境的准备
  - 创设愉快的进餐氛围
  - 学会分发餐具与食物
  - 学会餐前教育
- 婴幼儿的喂养
  - 说出婴幼儿的喂养原则
  - 奶瓶喂哺
  - 用勺喂食
- 组织婴幼儿集体进餐
  - 说出婴幼儿集体进餐的组织要点
  - 指导婴幼儿用勺进餐
  - 矫正婴幼儿不良的进餐习惯
- 照护特殊婴幼儿进餐
  - 体弱儿的进餐照护
  - 肥胖儿的进餐照护
- 餐后保育
  - 餐后整理工作
  - 组织餐后活动

情境故事

10:30 保育员调整餐桌位置，对餐桌进行清洁和消毒，到消毒室拿取擦嘴用的毛巾（一人一巾）；同班老师组织安静游戏，随后进行餐前教育，介绍今日的饭菜及其营养价值，进一步说明进餐时的注意事项。

10:45 老师组织婴幼儿分组进入盥洗室洗手后入座；保育员到食堂领取餐具和食物，先分发特殊儿的饭菜，后有序地向其他婴幼儿分发适量的饭菜。

　　11:00　老师引导婴幼儿愉快地吃完分发的饭菜，同时培养婴幼儿的独立进餐能力和良好进餐习惯，提醒婴幼儿一口饭一口菜交替用餐，细嚼慢咽；对于体弱儿、肥胖儿等特殊儿进行特别关注和照顾。

　　11:30　老师指导婴幼儿放好餐具、漱口、擦嘴。待同班老师带领婴幼儿到户外散步时，保育员开始清洁、整理桌面和地面，收拾好碗筷并送至食堂。

一　膳食准备

　　婴幼儿身心发展最为迅速，他们每天必须从膳食中摄取充分的热量、蛋白质、维生素、矿物质等，以满足机体生长发育和活动的需要。成人应为不同年龄段的婴幼儿提供相应的食物，如 1 岁刚开始学会咀嚼，还不能吃太大块和太硬的食物；到了 3 岁左右，牙齿都长得差不多了，可以吃不同种类的食物。婴幼儿的膳食究竟有哪些讲究呢？我们一起来了解下。

▶▶ 活动 1：说出婴幼儿的营养需求与膳食要求

● 情境描述 1 ●

　　萌萌今年 2 岁半，与同龄孩子相比又高又胖。萌萌平时由爷爷奶奶照顾，爷爷奶奶听说蛋白质对孩子生长发育很重要，就拼命让她喝牛奶，吃鸡蛋、肉、虾等富含蛋白质的食物。萌萌很少吃蔬菜瓜果，五谷杂粮就吃得更少了，而且每天都要吃好几餐，多的时候一天要吃六七餐。爷爷奶奶还要求老师在园也能够让萌萌多吃高蛋白食物。

　　根据以上描述，请查阅阅读手册，完成下列学习任务。

　　1. 萌萌的爷爷奶奶的做法是否合理？请回答问题并写出理由。

　　2. 婴幼儿健康成长需要哪些营养素？它们主要来自哪些食物？若营养不当，对婴幼儿生长发育会产生什么影响？思考以上问题并填写表 1–5–1。

表 1-5-1 婴幼儿所需营养表

序号	营养素	主要功能	食物来源	缺乏症（状）
1				
2				
3				
4				
5				
6				
7				

● 情境描述 2 ●

　　希希是一名托育园新生，目前 1 岁 6 个月，主要以喝奶、吃流食为主。老师了解到，家长为希希添加辅食时都要把食物磨得烂烂的、打得碎碎的，就连苹果、香蕉也要打成泥，生怕希希被固体食物呛到或噎到。可现在只要饭菜中有一点硬的东西希希都会咽不下，甚至连好不容易吞下去的食物也会吐出来。因怕希希饿着，家长就只给她喝奶、吃流食。

✎ 学习笔记

　　根据以上情境，请小组合作，查阅阅读手册中的相关资料，写出分析和建议。

　　1. 希希的饮食存在哪些问题？如何改善？

　　2. 写出不同年龄的婴幼儿的膳食要求。

0～1岁

1～2岁

2～3岁

▶▶ **活动 2：设计与分析婴幼儿的一日膳食**

◎ 情境描述 ◎

　　托小班的毛毛连续几天在吃早餐时都说不饿，可没到午餐时间就喊肚子饿，吃午餐时总是狼吞虎咽的。老师和家长沟通后发现，奶奶觉得毛毛空着肚子上托育园没有力气，出家门前一定要毛毛喝 200 mL 牛奶。同时，由于奶奶晚上习惯吃馒头、喝稀饭，毛毛不喜欢，晚上基本以喝奶为主。

　　根据以上情境，请查阅阅读手册中的相关资料，完成学习任务。

　　1. 毛毛的早晚餐存在什么问题？请提出改进建议。

　　2. 查阅阅读手册、托育园的食谱记录，设计一份婴幼儿的一日食谱（见表 1-5-2）。

表 1-5-2 ＿＿＿＿月龄一日食谱（　年　月　日）

餐点	时间	饭菜名称	所含食物及数量

　　3. 小组讨论分析各位成员的一日食谱，评出最佳一日食谱。

　　（1）请用图片形式呈现，并贴在下面。

（2）写出推荐理由。

▶▶ 活动3：冲调配方奶

❶ 活动准备

1. 物品准备：奶粉（在有效期内）、奶瓶（已消毒）、纯净水、保温瓶、水杯（或恒温水壶）、洗手盆、洗手液、毛巾等。

2. 操作者准备：束起头发，剪短指甲，摘除手表及首饰，用七步洗手法洗净双手。

❷ 活动过程

1. 准备工作。检查奶粉包装，保证奶粉在保质期内，清洁无污染；阅读奶粉调配说明书，根据婴幼儿的月龄及产品包装上的喂哺表，计算应调配的液体量；一手取消毒过的奶瓶，另一手拧开奶瓶盖，将瓶盖开口朝上置于安全位置。

2. 精准取量。参考奶粉调配说明书上的用量说明，把温水（38 ℃ ～ 40 ℃）倒入奶瓶中，眼睛平视奶瓶，观察水量是否合适。打开奶粉罐，用奶粉专用的量勺取适量奶粉，多出量勺上沿的奶粉都要在奶粉盒（筒）口平面处刮平，保证取量的准确性。将勺中的奶粉于奶瓶正上方倒入奶瓶中。

3. 均匀溶解。旋紧奶嘴盖，朝一个方向水平轻轻摇晃（或左右旋转）瓶身，使奶粉溶解。将奶瓶倾斜45°，检查瓶底的奶粉是否充分溶解。若瓶底有奶粉未溶解，则重复以上操作至奶粉完全溶解，使瓶内奶液浓度均匀。

4. 测试奶温与奶液滴落速度。将奶瓶倒置，使奶液滴于喂哺者前臂内侧皮肤上测试奶温，感觉温度不烫手，奶液滴落的速度不急不慢，便可喂哺婴幼儿。

5. 整理。将所用物品清理干净，摆放整齐。

冲调配方奶时的注意事项有哪些？

扫一扫

配方奶的冲调

扫一扫

冲调配方奶的评分标准

❸ **实训练习**

2～4人为一组开展实训操作，其中一人操作，其他同学观摩，操作者一边实操一边讲解操作要领，其他同学按照冲调配方奶的评分标准给操作者打分。

❹ **总结与反思**

1.操作中容易失误扣分的方面有哪些？

2.提升操作规范性与熟练度的措施有哪些？

▶▶ **活动4：制备食物与保温** ﹥﹥﹥﹥﹥

● 情境描述 ●

家长午餐观察日的参观活动结束后，老师收到很多家长的反馈意见：有家长认为午餐的食物太凉了，都没有热气了，孩子吃得又慢，若是冬天，那孩子就与吃"冰"无异了；也有家长认为托育园里的饭菜是大锅菜，营养比不上家里的。

根据以上描述，小组合作解答下列问题、填写相关表格。

1.婴幼儿食用的食物的温度与成人有何不同？说明原因。

学习笔记

2. 不同季节，如何为婴幼儿提供温度合适的食物？

夏季

冬季

3. 查阅阅读手册、相关文献资料，记录不同月龄的婴幼儿的一种食物的制作过程（见表1-5-3）。

表1-5-3　不同月龄的婴幼儿食物制作记录表

适合月龄	7～12月龄	13～24月龄	24月龄以上
食物名称			
材料准备			
制作步骤			
注意事项			
你的评价			

二　餐前环境准备

在进餐前，我们往往关注的是为婴幼儿准备的食物的丰盛程度，而容易忽略婴幼儿的进餐环境。在消极情绪影响下，人体消化液分泌量减少，从而造成消化功能减弱、消化不良。当进食不再是个主动、愉快的过程时，婴幼儿就易产生紧张情绪或逆反心理，可能会厌食、拒食。而在进餐时保持愉快的心情，对食欲和消化功能都有促进作用。因此，使婴幼儿愉快地进餐是进餐照护的重要内容。

从婴幼儿的发展特点来看，他们的食欲容易受进餐环境的影响。如何为婴幼儿创设一个良好的进餐环境呢？

▶▶ 活动1：进餐物质环境的准备

● 情境描述1 ●

有几位宝妈商量着双休日一起带宝宝外出。A宝妈说："外出太麻烦了，宝宝的东西要带一堆，尤其是吃饭，得带宝宝单独用的小勺、筷子和小碗，还有围兜等。"B宝妈说："为什么要这么讲究？太麻烦了！可以直接让宝宝用大人的碗筷，或者直接喂，那样又方便又干净，就是一餐饭而已。"几位宝妈在接宝宝的时候，也和老师说起了他们的想法。

1. 你认同哪位宝妈的做法？说明理由。

2. 学习阅读手册中关于餐具的种类与特点内容，小组讨论不同年龄段的婴幼儿使用餐具的特点，请填表1-5-4。

表1-5-4　婴幼儿餐具统计表

餐具名称	使用阶段	款式特点

情境描述 2

快到午餐时间了，许多小朋友还沉浸在合作制作撕贴画活动中。张老师刚想提醒小朋友停止活动，准备餐前布置。李老师轻声说："他们画得多投入呀，让他们多画会儿吧，等画完直接在原位挤挤吃饭，也可节省点就餐准备时间。"张老师说："我们必须给孩子准备一个宽敞、安全的就餐环境，而且餐前还需要注意个人卫生，不能马虎。"

请查阅阅读手册并进行小组讨论，回答以下问题。

1. 请问李老师的做法存在哪些隐患？

2. 如何为婴幼儿准备一个宽敞、安全的就餐环境？

▶▶ 活动 2：创设愉快的进餐氛围

情境描述 1

豆豆1岁8个月，已能适应托育园的生活作息，可就是一到吃饭时间就嘬嘴、皱眉，不仅需要老师喂才吃，而且常常吃一口就跑去玩了，是班里吃饭时间最长的孩子。老师和豆豆的妈妈沟通后发现，原来在家为了让豆豆顺利吃饭，奶奶会以电视吸引豆豆，常常趁豆豆不注意喂一口饭。豆豆常常边吃边学动画片里的动作，跑来又跑去，奶奶只好追过去，趁着豆豆停下来时，再喂一口饭。就这样，奶奶常会追着豆豆喂饭，直到豆豆把整碗饭吃下去。

情境描述 2

小露是一名托育园的实习老师，她特别喜欢小豆丁，吃午餐时，忍不住一边给他夹菜、添饭，一边逗他玩，看到小豆丁张嘴咯咯笑、手舞足蹈的样子就觉得十分满足，可有好几次小豆丁被逗得呛着了。小豆丁每吃一口，小露老师就在旁边鼓掌，这导致小豆丁不鼓掌就不肯进餐。

情境描述 3

　　小严老师对孩子特别严格，午餐时，会吓唬还在玩耍的孩子，把他们揪到饭桌前，席间还声色俱厉地"上教育课"。对不爱吃饭的孩子就更加唠叨了，还不停地吓唬他们说："不吃饭会被老虎抓走。"长此以往，班里的孩子的食欲越来越差了。

　　请小组合作，结合以上情境，查阅相关资料，回答下列问题。

1. 哪些因素会影响婴幼儿进餐？

2. 针对以上影响因素，应如何改进？

▶▶ **活动 3：学会分发餐具与食物**

❶ **活动准备**

1. 物品准备：消毒过的勺子、餐盘、碗、餐桌、毛巾等。

2. 操作者准备：束起头发，剪短指甲，摘除手表及首饰，用七步洗手法洗净双手，穿上围兜，戴上头巾和口罩。

❷ **活动过程**

1. 确定餐具数量。按食谱内容确定餐具的数量，确保一人分得一碗、一盘、一勺。

2. 分发餐具。

　　分发饭碗：按座位次序分发饭碗。一手伸展五指轻轻托住碗底，另一手握住碗身，将碗放于对准椅子中间、距离桌边一横拳的位置。手指不可放在碗口，也不可伸到碗中。

分发盘子：一手五指轻轻托住盘底，另一手轻托住盘边下缘，将盘子放于碗的正前方位置。

分发勺子：轻捏勺柄处，将勺子放在盘子上，勺柄朝外，勺体靠近盘子边缘，留出放菜的空间。

3.计算饭菜分发量。根据婴幼儿的年龄，先按照带量食谱估计分发饭菜的量，再根据个体差异进行餐量调整。

4.分发饭菜。分发饭菜的顺序是蔬菜—荤菜—饭—汤。用勺子取适量的饭和菜，均匀地盛到指定的盘中。要求手不碰婴幼儿的食物和碗口，蔬菜和荤菜不混淆，主食不泡在菜汤中。分发馒头、花卷等主食时，应用食品夹。分发汤菜、稀饭前，用汤勺搅拌，使汤、菜混合。饭菜的摆放位置为左汤右菜。

5.添加饭菜。根据婴幼儿平时的食量，及时为婴幼儿添加饭菜。添加饭菜时要注意安全，不得从婴幼儿头顶掠过，以免烫伤婴幼儿。

6.整理。将所用物品清理干净，摆放整齐。

❸ 实训练习

2～4人为一组开展实训操作，其中一人操作，其他同学观摩。操作者一边实操一边讲解操作要领，其他同学按照分发餐具与食物的评分标准给操作者打分。

扫一扫

分发餐具与食物的评分标准

❹ 分发技巧总结

1.分发餐具的小窍门有哪些？

2.分发饭菜的小窍门有哪些？

▶▶ **活动 4：学会餐前教育**

❶ 活动准备

1.物品准备：婴儿模型1个、碗勺1副、适量的食物、记录本、签字笔、消毒剂。

2.操作者准备：束起头发，剪短指甲，摘除手表及首饰，穿上围兜，戴上头巾和口罩，用七步洗手法洗净双手。

3.环境准备：室内光线明亮，温度适宜，环境安静；餐具根据用途、材料、尺寸等摆放整齐，播放轻松、悦耳的轻音乐等。

❷ 活动过程

1.介绍今日食谱。用可爱、生动的语言向婴幼儿介绍饭菜的名称和具体的食物。对年龄稍小的婴儿，可以让他们闻和看，判断饭菜的内容，或用讲故事的方法引导他们，使他们对某种食物展开想象；对年龄稍大的幼儿，可采用猜谜的方式，让他们猜测饭菜的名称。

今日食谱		婴幼儿的年龄
你采用的介绍方式		
具体的语言		

2.介绍饭菜的营养。对年龄稍小的婴儿，可运用生动、准确的语言介绍饭菜的营养成分；对年龄稍大的幼儿，可用猜谜语、有奖问答、节目表演等活动进行介绍，增加他们对食物的兴趣。

你采用的介绍方式	
具体介绍的内容	

3. 提示进餐常规。保教人员应在婴幼儿进餐前开展常规提醒教育，如进餐时如何保持相对安静、整洁，以及进餐的顺序、餐具的使用方法、充分咀嚼饭菜的要领等。

餐前常规强调的内容有哪些?

4. 餐前仪式。可采用儿歌、童谣等形式，让婴幼儿感受食物是来之不易的，培养他们爱惜食物的情感。

你选择的方式

内容

❸ 整理

将所用物品清洁整理，摆放整齐。

餐前教育的注意事项是什么?

三 婴幼儿的喂养

饮食是最重要的日常生活，喂养不仅是为婴幼儿提供营养的手段，而且是婴幼儿自身能力和社会性行为学习和发展的重要机会。喂养行为是照护者与孩子之间最密切的互动。自婴儿期起，保教人员就应通过适宜的喂养行为，如细心观察并积极回应饥饱信号、耐心鼓励但不强迫进食、重视进食过程中语言和眼神交流、精心安排进餐环境等促进安全型依恋关系的建立。

▶▶ 活动 1：说出婴幼儿的喂养原则 >>>>>

● 情境描述 ●

　　小肖老师刚接触小月龄的宝宝，当家长问起小朋友的吃饭问题时，常常让她不知该如何应对。有妈妈问："宝宝在园里是不是吃得太少了？怎么回家就要一直吃呢？"也有妈妈说："我家宝宝是不是在园里吃得太多了？回家都不想吃东西！"更有妈妈对小肖老师提出了要求："我家宝宝每天在园必须喝 400 mL 的奶，每次要是没有喝完，哄着也要让她喝下去，在家就是哄着才喝完的。"

请小组合作，查阅阅读手册及其他相关资料，解决以下问题。

1. 婴幼儿有哪些表现时，需要及时进食或停止喂哺？

需要进食的表现	
停止喂哺的表现	

2. 明确不同月龄的婴幼儿的基本喂养原则（见表 1–5–5）。

表 1–5–5　不同月龄的婴幼儿的基本喂养原则

喂养原则	0～6 月龄	7～12 月龄	13～24 月龄	24 月龄以上
1				
2				
3				

▶▶ **活动 2：奶瓶喂哺**

❶ 活动准备

1.物品准备：婴儿模型、奶粉或母乳、奶瓶、温水、小方巾、围嘴。

2.操作者准备：束起头发，剪短指甲，摘除手表及首饰，洗净双手。

❷ 活动过程

1.准备工作。检查婴儿的大小便情况，给婴儿戴上围嘴，测试奶温。

2.半坐喂姿。将婴儿抱入怀中，头部在成人的肘窝里，用前臂支撑婴儿的后背，使婴儿呈半坐姿势（45°后倾斜）。

3.奶瓶喂哺。反手拿奶瓶，用奶嘴轻触婴儿下唇，待婴儿张开嘴后顺势放入奶嘴，动作温柔。喂奶时，始终保持奶瓶倾斜，使奶液充满奶嘴。避免婴儿吸入空气，引起溢乳。

4.竖抱拍嗝。喂奶完毕，身体前倾，用肩接婴儿的头，将婴儿竖抱，头偏向一侧，采用直立式或端坐式，用空心掌从下往上轻轻拍打后背，待婴儿打嗝后，让婴儿以右侧卧位安睡。

用奶瓶喂哺婴儿时的注意事项有哪些？

5.整理。将奶瓶中剩余的奶倒出，清洗奶瓶并消毒。将其他物品清理干净，摆放整齐。

❸ 实训练习

2～4人为一组开展实训操作，其中一人操作，其他同学观摩。操作者一边实操一边讲解操作要领，其他同学按照奶瓶喂哺的评分标准给操作者打分。

❹ 总结与反思

1.操作中容易失误的方面及其原因是什么？

扫一扫

人工喂养

学习笔记

扫一扫

奶瓶喂哺的评分标准

2. 提升操作规范性与熟练度的措施有哪些?

▶▶ 活动 3: 用勺喂食 >>>>>>>

❶ 活动准备

1. 物品准备：婴儿模型 1 个、适量泥糊状辅食、小碗 1 个、小勺 1 把、小方巾 1 条、围嘴 1 个、婴儿餐椅 1 把。

2. 操作者准备：束起头发，剪短指甲，摘除手表及首饰，用七步洗手法洗净双手。

❷ 活动过程

1. 准备工作。检查婴儿的大小便情况，给婴儿戴上围嘴，取适量泥糊状辅食。

2. 面对面竖坐。将婴儿抱入餐椅中，使婴儿背部紧贴椅背，双脚自然下垂，呈直坐姿势。喂哺者与婴儿面对面，平视婴儿的眼睛，将装有辅食的碗放于婴儿面前。

3. 第一阶段勺子喂哺。开始阶段，用小勺取少量糊状食物，放于婴儿嘴角一侧让婴儿吮舔。若婴儿将部分食物吐出，可再次尝试。

4. 第二阶段勺子喂哺。用小勺取大半勺糊状食物，用勺尖轻轻触碰婴儿下唇，待婴儿张嘴后，将勺保持水平，轻放于下唇；等食物进入婴儿口中后，再将勺子慢慢抽出。观察婴儿将食物咽下后，再继续下一次喂哺。

5. 整理。清理碗中剩余辅食，清洗勺子和碗并消毒。将其他物品清理干净，摆放整齐。

❸ 实训练习

2 ~ 4 人为一组开展实训操作，其中一人操作，其他同学观摩。操作者一边实操一边讲解操作要领，其他同学按照勺子喂哺的评分标准给操作者打分。

用勺子喂哺婴儿时的注意事项是什么?

扫一扫

勺子喂哺的评分标准

四 组织婴幼儿集体进餐

扫一扫

组织婴幼儿集体进餐

进餐是婴幼儿一日生活中最重要的生活环节。多数婴幼儿要在托育园吃两餐、两点，即早餐、午餐、早点和午点。科学地组织婴幼儿进餐，有助于培养婴幼儿养成良好的进餐习惯、生活学习习惯和基本能力，促进婴幼儿的身心和谐健康发展。

▶▶ 活动1：说出婴幼儿集体进餐的组织要点 >>>>>>

● 情境描述 ●

小张老师第一天参与小朋友进餐组织工作。刚开始感觉挺轻松的，小朋友都能自觉洗干净双手坐到座位上。但等大部分小朋友开始吃饭后，不断有小朋友喊"老师"，表示需要帮助：有的喊"老师，饭烫手"，原来是用手抓饭吃，需要教他怎样用勺子舀食物；有的喊"老师，汤溢了"，原来是用单手拿汤碗，需要帮助清洁和教他怎样喝汤；有的喊"老师，青菜吃不下"，原来是直接把蔬菜吞着吃，需要教他怎样吃蔬菜；有的喊"老师，要大大"，当老师发现时，已经拉在裤子里了，还要帮忙更换、清洗裤子。一圈忙下来，还没有坐下来，小张老师又发现：有的小朋友没有吃饭就忙着玩玩具，有的一口饭一直含在嘴里，有的只吃一样菜，有的只吃白米饭……面对这么多的状况，小张老师真是一个头两个大了。

结合以上情境并查阅阅读手册，小组讨论以下问题。

1. 婴幼儿集体进餐时的照护要点有哪些（至少写出3点）？

2. 婴幼儿进餐过程中易出现的突发事件有哪些？应对策略是什么？

学习笔记

3.婴幼儿进餐时容易出现的问题有哪些？排除方法是什么？

▶▶ 活动 2：指导婴幼儿用勺进餐

❶ 活动准备

1.物品准备：容易用勺盛起的细碎的食物（通常是将饭菜混合）、碗两个、小勺两把、筷子两双、围嘴。

2.操作者准备：束起头发，剪短指甲，摘除手表及首饰，穿上围兜，戴上头巾和口罩，用七步洗手法洗净双手。

3.婴幼儿准备：停止活动，洗净双手，背紧贴椅背坐在餐椅上。

❷ 活动过程

1.准备工作。将碗和勺或筷子放于婴幼儿惯用手的正前方，保教人员坐于婴幼儿一侧。

2.示范与模仿。保教人员拿起自己的勺子模拟舀起一勺食物送入口中的过程，并用夸张的语言激发婴幼儿模仿的兴趣，并鼓励婴幼儿独立吃饭。

3.分步练习。

步骤一：正确抓握勺子。一般用右手持勺，抓握住勺柄的上端，勺子凹陷处朝上，手心朝上。

步骤二：将食物舀到勺子里。保教人员舀适量食物，放在婴幼儿手中的勺子上，同时鼓励婴幼儿学习自己将食物舀到勺子里。

步骤三：将盛有食物的勺子送进口中。保教人员可指导婴幼儿将小勺举到嘴边，眼睛看着食物，并张开口将食物送入口中。

步骤四：咀嚼、吞咽食物。保教人员可指导婴幼儿先咽下一口，再吃一口。

4.提升练习。保教人员可进一步提出要求：拿勺时应拇指与其他四指分开，捏住勺柄的两侧，手心朝上，不能满把抓且每勺盛得不能太多；进餐时，一手拿勺，另一手扶碗；用餐结束后，把小勺放好。

5.整理。将碗中剩余的饭菜倒出,清洗碗勺并消毒。将其他物品清理干净,摆放整齐。

指导婴幼儿用勺进餐时的注意事项有哪些?

❸ 实训练习

2～4人为一组开展实训操作,其中一人操作,其他同学观摩。操作者一边实操一边讲解操作要领,其他同学按照用勺进餐指导的评分标准给操作者打分。

扫一扫

用勺进餐指导的评分标准

▶▶ **活动 3:矫正婴幼儿不良的进餐习惯** >>>>>>>

❶ **活动准备**

1.物品准备:餐桌、餐椅、餐具、适量的食物、记录本、签字笔、消毒剂。

2.操作者准备:具备指导婴幼儿进餐的相关知识,束起头发,剪短指甲,摘除手表及首饰,穿上围兜,戴上头巾和口罩,用七步洗手法洗净双手。

3.环境准备:室内光线明亮,温度适宜,环境安静;餐具根据用途、材料、尺寸等摆放整齐,播放轻松、悦耳的轻音乐等。

❷ **活动过程**

1.第一步:观察、了解婴幼儿的进餐情况。了解婴幼儿既往的进餐习惯,观察婴幼儿目前的进餐情况,如婴幼儿进餐时有无跑动、边吃边玩、暴饮暴食、贪吃甜食、进餐速度过快、饭前不洗手、捡吃掉落的饭菜、饭前不洗手、用手抓饭、大声咀嚼等不良的进餐习惯。

如何与老师、家长沟通以了解婴幼儿的进餐情况?

2.第二步:进餐习惯的引导与干预。强调文明进餐的重要性,提出进餐要求,实行进餐干预。

(1)教育引导。明确对婴幼儿进行文明进餐的健康教育,如进餐的地点和时间、进餐的卫生、进餐的顺序、进餐的速度等。

进餐习惯的教育内容有哪些？

（2）提升趣味。采用图片、绘本、儿歌、故事等多种教育形式相结合的方式，增加婴幼儿进餐教育的形象性和趣味性。

选择的方式

具体内容

（3）探究本源。通过观察或了解，挖掘婴幼儿形成不良的进餐习惯的原因。可从婴幼儿自身的进食技能或保教人员的不适合的进餐引导角度探究。

婴幼儿不良的进餐行为表现

具体内容

主要原因

3. 第三步：纠正婴幼儿不良的进餐习惯。

具体的纠正方法有哪些？

4. 第四步：巩固婴幼儿良好的进餐习惯。

具体的巩固对策有哪些？

❸ 整理

将所用物品清洁整理，摆放整齐。

通过以上活动，思考下面的问题。

1. 纠正婴幼儿不良的进餐习惯的注意事项是什么？

2. 如何与家长协同合作纠正婴幼儿不良的进餐习惯？

五 照护特殊婴幼儿进餐

不管在哪一个托育机构，一定会存在一些特殊婴幼儿，如食物过敏、营养不良、缺铁性贫血、体弱多病等。在照护这些特殊婴幼儿的时候，注重膳食营养是其中重要的一环。那么，这些婴幼儿的特殊之处是什么？如何有针对性地对他们开展进餐照护呢？

通过实践我们可以发现：要让婴幼儿愉快地吃完自己的那一份饭菜绝非易事。例如，肥胖儿的胃口特别好，总想多吃一点饭菜，得想办法让他们高高兴兴地正常饮食而不觉得肚子饿；体弱儿的胃口不好，得想办法让他们吃完正常量的食物。由此可见，如何照护特殊婴幼儿进餐，还需要大家去学习和探索。

▶▶ **活动 1：体弱儿的进餐照护**

情境描述

田田是托一班缺勤最多的孩子，开学才一个多月就发了两次烧。这孩子的饭量很小，而且不吃肉、不吃青菜，平时易出汗，稍一活动头发就湿漉漉的。体检时发现有明显的鸡胸和轻微的 O 形腿。

1. 田田属于哪一类特殊婴幼儿？对田田进行进餐照护有哪些特殊要求？请小组合作，查阅相关资料，写下依据。

2. 查阅阅读手册，了解体弱儿的照护。

（1）体弱儿的照护原则有哪些？

（2）请针对具体人群，写出进餐照护的重点。

维生素D缺乏性佝偻病儿

营养性缺铁性贫血儿

营养不良儿

易反复感染疾病的体弱儿

▶▶ 活动2：肥胖儿的进餐照护

情境描述

为了鼓励婴幼儿好好吃饭，老师常常会说："谁吃得好，又吃得多，谁就可以跟老师去大型玩具区那边玩。"结果，每天中午，妞妞总是在前两名吃完饭，通常都吃两碗。一学期以后，她的体重和身高有了明显的增长，跨入轻度肥胖的行列。

1.有哪些因素导致妞妞肥胖？

2.查阅阅读手册，了解肥胖儿的具体照护知识。

（1）肥胖儿的照护原则有哪些？

（2）肥胖儿的具体进餐照护要点有哪些？

3.尝试对特殊婴幼儿进餐照护进行个案观察并记录（见表1-5-6）。

表1-5-6 特殊婴幼儿进餐的个案记录表

婴幼儿姓名		性别		年龄		班级	
家长姓名		联系方式		家庭住址		记录时间	
问题表现							
原因分析							
采取措施							
效果分析							
后续建议							

六 餐后保育

　　婴幼儿结束进餐并不意味着照护工作也已结束。餐后还有很多重要的保育工作仍需进行，如用餐环境与物品的整理工作、婴幼儿本次进餐行为的评估与激励、婴幼儿长期进餐能力发展的记录与反馈等，为向下一环节活动（如午睡）的过渡做好准备，从而促进婴幼儿健康发展。

▶▶ 活动 1：餐后整理工作 >>>>>>

🔘 情境描述 🔘

午餐到了最后阶段，只有个别的孩子还在用餐，老师不时地大声催促他们："加油吃，吃完后我要讲故事了""大口吃，最后吃一大口就没有了""你看保育阿姨都已经开始收拾餐具了，要清扫地面了"……最后，还有一个孩子没有吃完时，老师就干脆说："好了，不用吃了，赶紧和其他小朋友去玩吧！"说完就直接拉着他和其他孩子散步去了。

找一找上述情境中的餐后整理存在哪些问题并说明原因。

💡 小小观察员

请扫二维码观看视频，结合阅读手册，观察一下视频中的保教人员在餐后需要做哪些整理工作，并完成以下练习。

1.餐后保教人员的整理工作内容是什么？

☂ 扫一扫

餐后整理

2.如何组织和指导婴幼儿进行餐后整理？请画出指导婴幼儿餐后整理的流程图。

3.个别餐后情况的处理。

（1）对于进餐速度慢的婴幼儿，你的做法是什么？

（2）对于不整理餐具的婴幼儿，你的做法是什么？

（3）对于餐后整理不到位的婴幼儿，你的做法是什么？

▶▶ 活动2：组织餐后活动

● 情境描述 ●

　　午餐开始没多久后，有几个孩子就吃好了，他们一边习惯性地放碗碟、擦嘴，一边问老师今天玩什么。这时，老师随口说了句："今天就看书吧！"于是，老师急忙跑去拿书，随意分给每人一本书，让他们自己看。然后，马上回头继续管理吃饭的孩子，边走边说："要一口饭一口菜，注意不让饭粒掉出来。"此时，看书的孩子乱套了：有的在抢书，有的把书页撕下来了，有的把书当玩具玩，有一个孩子哭了起来，有两三个孩子还偷偷溜进教室搭积木……场面非常混乱。

　　结合上述情境，查阅阅读手册，小组合作，解决以下问题。

1. 找一找出现上述混乱场面的原因。

2. 如何有条不紊地开展餐后活动?

▶▶ **应用与实践**

云测试

一、单选题

1. 以下不适合作为婴幼儿的正餐的食物是（　　）。

A. 谷物类　　　　　B. 蔬菜　　　　　C. 水果　　　　　D. 肉类

2. 下列选项不符合辅食添加原则的是（　　）。

A. 由少到多，由稀到稠，由细到粗

B. 健康时添加

C. 若婴幼儿拒绝吃辅食，可过一段时间后添加

D. 一次添加两种食物

3. 为婴儿添加辅食时，应优先添加（　　）。

A. 含铁米粉糊

B. 鸡蛋羹

C. 肉泥

D. 豆制品

4. 下列关于培养良好的饮食习惯的说法不正确的是（　　）。

A. 饮食定量，控制零食

B. 不偏食，不挑食

C. 食物多样，饮食清淡

D. 喝白开水没有营养，可以让婴幼儿多喝饮料

学习笔记

5.以下做法有助于培养婴幼儿良好饮食习惯的是（　　）。

A.家长以身作则

B.定时、定点进餐

C.不强迫进食

D.以上都是

6.指导婴幼儿进餐的错误做法是（　　）。

A.让胃口小、瘦小的婴幼儿少盛多添

B.从2岁开始培养幼儿独立进餐

C.表扬吃得最快的婴幼儿

D.教育婴幼儿不挑食、细嚼慢咽

7.午饭前，盥洗室里传来老师严厉的声音："谁把洗手液挤到了外面？擦手的毛巾是谁扔在地上的？"一顿批评后，孩子们都不敢吭声。进餐时孩子们都默默吃起了午饭。该进餐前活动存在的主要问题是（　　）。

A.没有有效组织餐前清洁活动

B.在餐前批评婴幼儿

C.没有进行餐前教育活动

D.以上都是

二、论述题

蔬菜的营养价值很高，含有丰富的维生素，但很多孩子自婴儿期就不爱吃蔬菜，到了幼儿园也不爱吃蔬菜。这是什么原因？请你设计几个方案，引导这些挑食、偏食的婴幼儿，让他们喜欢上蔬菜。

单元六

饮水活动照护

学习目标

通过本单元的学习，同学们应当实现如下学习目标。

1. 陈述不同年龄段的婴幼儿的饮水需求，为婴幼儿提供安全的饮用水。

2. 为不同年龄阶段的婴幼儿选择合适的饮水器具。

3. 采取多种方法指导婴幼儿自主饮水。

4. 组织婴幼儿集体饮水，能叙述婴幼儿集体饮水的常规要求和指导要点。

5. 通过家园合作、个别照护与教育指导，培养婴幼儿良好的饮水习惯。

6. 协助和指导婴幼儿饮水，培养婴幼儿节约用水的好习惯。

学习建议

为了取得更好的学习效果，建议同学们在学习这部分内容时做到以下几点。

1. 通过走访母婴用品店，了解不同类型的婴幼儿饮水器具和适用年龄。

2. 观察生活中 0～3 岁婴幼儿的饮水行为，了解婴幼儿的饮水特点。

3. 可借助实训的机会，或利用假期、周末，开展婴幼儿饮水照护实践，强化自身的饮水照护技能，培养自身热爱婴幼儿的职业情感。

建议学时：3 学时。

学习导航

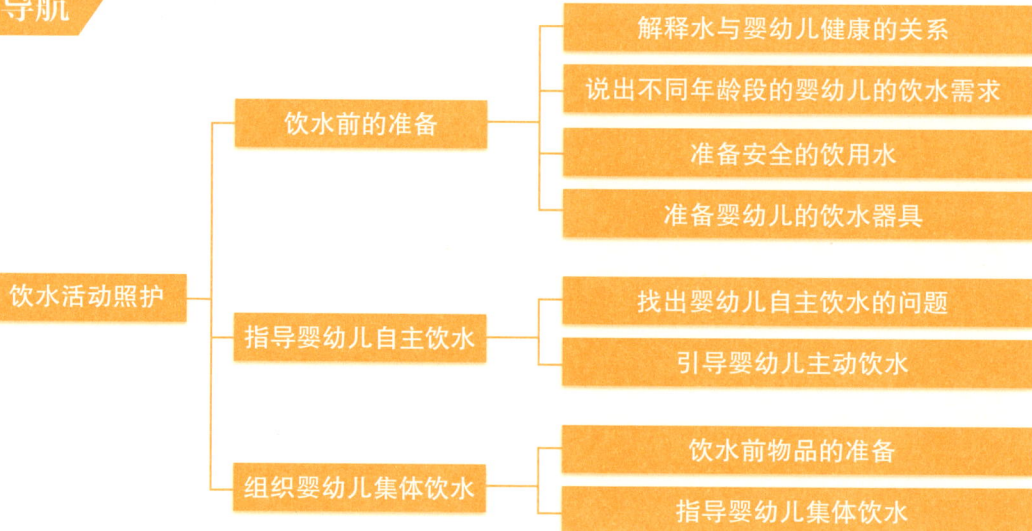

情境故事

托育园内，许多宝宝都出汗了。活动过后，保育员给宝宝们的小水壶加水时，发现亮亮的水壶沉甸甸的，心里想，没有喝掉吗？我看到他来喝了好几次水呀……第二天，保育员照例给小水壶加水，拿起亮亮的水壶时发现里面还是满满的。于是在接下来的几次饮水活动中，保育员观察到，亮亮每次都是喝几小口水，而且表情很不开心。如果督促他说："亮亮多喝点，喝水对身体好。"他就会噘着小嘴说："水好难喝啊，一点儿味道都没有。我想喝果汁，我想喝饮料。"

一 饮水前的准备

人是一个含水的生命体。年龄越小，体内的水分所占的比例就越高。新生儿体内的水分占体重的 80%，婴儿体内的水分占体重的 70%，幼儿体内的水分占体重的 65%，成年人体内的水分占体重的 60%。年龄越小，对水的相对需求量就越大。水分摄入不足或水分流失过多，可引起体内失水，亦称脱水。现今，有些婴幼儿非常喜欢喝糖水、蜂蜜水、饮料，尤其是乳制品饮料。一些家长也觉得乳制品饮料营养丰富，又富含水分，加上孩子又喜欢喝，所以就用饮料来代替白开水。这是错误做法。

不同年龄段的婴幼儿的饮水需求有何不同呢？饮料对婴幼儿的健康发展有危害吗？大家一起来探讨学习吧。

▶▶ 活动1：解释水与婴幼儿健康的关系

● 情境描述1 ●

炎炎夏日到了，2岁的萌萌吃坏了肚子，开始是轻微腹泻，慢慢地，腹泻次数越来越多，还出现了呕吐、高热等症状。萌萌的精神状态特别差，嘴唇变得异常干燥，双眼无神，眼窝塌陷。医生说这是典型的脱水症状。如果不及时医治，会逐渐伤害到肾脏和中枢神经系统。

● 情境描述 2 ●

有些妈妈给婴幼儿准备的饮食中蛋白质含量丰富，营养搭配合理，味道鲜美。可慢慢地，有些宝宝开始缺乏食欲；用手轻轻一划皮肤，皮肤会出现一条白痕；还容易出现舔嘴唇的现象。医生说，这是宝宝身体缺水的典型症状。

根据以上情境，请小组讨论水与婴幼儿的健康有什么关系。

▶▶ **活动 2：说出不同年龄段的婴幼儿的饮水需求** >>>>>>

● 情境描述 1 ●

有的孩子在出生之后由于某些原因，是喝配方奶的。那像这类喝配方奶的孩子是否需要适当补充水呢？有的人认为喝母乳的孩子不需要喝水，配方奶和母乳的作用类似，里面含有大量的水分，所以喝配方奶的孩子也不需要额外再补充水分了。

1. 你认为这样的看法对吗？请写明理由。

2. 你知道 6 个月大的宝宝的饮水量是多少吗？应该给家长怎样的建议？

3.学习阅读手册，填写表1-6-1并回答问题。

表1-6-1 各年龄段婴幼儿一日饮水量统计表

年龄（岁）	体重（千克）	总摄入量（毫升）	每千克体重摄入量（毫升）

水是喝得越多越好吗？你知道什么是水中毒吗？请解释。

学习笔记

情境描述2

有些婴幼儿非常喜欢饮料，尤其是乳制品饮料，家长也觉得乳制品饮料营养丰富，所以就用饮料来代替白开水。3岁的女孩童童就喜欢喝饮料，喝了一段时间后，她的家人就发现她的胸部开始发育了。带去医院检查后，童童被确诊为饮料引起的性早熟。

饮料能代替白开水吗？为什么？

▶▶ **活动3：准备安全的饮用水**

情境描述1

水在人的生命中是不可或缺的，而婴幼儿身体内的含水量远高于成人，婴幼儿饮水也因此尤为重要。那么，给婴幼儿冲调奶粉、提供饮用水时用什么水合适呢？小宝的妈妈表示，纯净水、矿泉水中不含有任何有害物质，给小宝喝这样的水比较安全，而煮沸的水中有水垢，水垢对人体有害，所以坚决不能给孩子喝。

你认为这样的说法对吗？请写明理由。

情境描述 2

如今，母婴产品在市场上热销。某知名矿泉水品牌也悄然推出了婴儿专用水，广告特别强调了无菌概念，有助于呵护婴幼儿的代谢系统。很多宝妈被广告"打动"了，争相购买。

婴幼儿需要饮用专用的水吗？请写出想法和理由。

情境描述 3

2003 年，世界卫生组织在日内瓦召开了专题会议，并发表了《饮用水中营养矿物质对婴幼儿营养的影响》。文章指出，婴幼儿更容易受到高矿物质盐摄入的有害影响，适合婴幼儿的饮用水的钠的含量是小于等于 20mg/L，硫酸盐的含量是小于等于 200 mg/L。可见，钠含量低的水更适合婴幼儿的成长需要。所以有些家长认为，对婴幼儿来说，最安全的水应该是纯净水，因为纯净水把所有的有毒、有害元素都给过滤掉了，它虽然过滤掉了矿物质，但是这些矿物质可以通过丰富的饮食结构来弥补。

请小组合作，讨论分析家长的这种想法是否正确并写出理由。

情境描述 4

　　某托育园新来了一位保育老师。早操过后，主班王老师在组织婴幼儿集体饮水时发现，今天孩子们普遍喝水时间偏长，就来到饮水处看个究竟。她发现孩子们喝一小口就咂咂嘴，老师提示后，乐乐还皱着眉头，噘着小嘴，用手指指自己的小嘴巴。主班王老师用手摸了一下乐乐的小水杯，发现原来是水太热了。她随即告知保育老师水温过高，需要把保温桶里的水晾一晾再给孩子们喝。原来这位新来的保育老师虽然经过了一日流程的培训，但是实操层面的培训并未开展。保育老师按照流程晾了水，可水温并没有晾到位，这才导致这样的情况出现。

1. 如果水温过高，会对婴幼儿造成什么伤害？

2. 给婴幼儿饮用的水的温度应控制在什么范围？请分小组讨论。

▶▶ **活动 4：准备婴幼儿的饮水器具**

情境描述 1

　　思思 2 岁半了，在上小托班，可她最近很不开心，不愿意去托育园。妈妈问了好多遍，才发现她是因为不习惯用托育园的水杯喝水。在家里她都是习惯性地用吸管喝水，没有吸管就不愿意喝水，也不会喝水。妈妈和托育园的老师去沟通，希望在托育园里给思思用吸管喝水。可是老师给她讲了 2 岁半的幼儿还用吸管喝水的害处：会影响口腔肌肉的发展，不利于咀嚼功能的发展。思思的妈妈却不以为意，直说自己小时候都上小学了还在用吸管喝水。

情境描述 2

朵朵 1 岁零 2 个月了。妈妈为了训练她自主饮水的能力，舍弃了吸管杯，给她选了漂亮的双把手开口小水杯，希望她能够提前练习，尽早掌握自主饮水的技能。换了新水杯后，朵朵一开始还比较新奇，可在因几次用力过猛被水呛到鼻子、把水洒到衣服上之后，就再也不愿意用这个小水杯了。无论妈妈怎么劝说和吸引，都不管用，反而一提到喝水就开始哭，拒绝喝水。

1. 随着婴幼儿喝水技能的提升，饮水器具也要相应地更换。不同的器具能满足不同年龄段的婴幼儿不同的饮水需要。请分析以上情境，帮助思思和朵朵选择合适的饮水器具。

2. 学习阅读手册，讨论适合不同月龄的婴幼儿的饮水器具有哪些，特点是什么。

二 指导婴幼儿自主饮水

水在人体中起着不可替代的作用。婴幼儿若能够主动饮水，每天喝适量的水，则会对他们身体的正常发育和健康成长产生积极的影响。然而，0～3 岁的婴幼儿年龄偏小，主动喝水的意识不强，因此，家长或保教人员需要指导婴幼儿每日饮用足量的水，指导婴幼儿知道喝水对身体健康的重要性，了解喝水的基本常识，让他们喜欢喝、主动地喝白开水；了解婴幼儿在自主饮水的过程中会出现哪些困难，如何有效解决，为婴幼儿学会主动饮水做好充足的准备；掌握有效的途径、方法和注意事项，最终帮助他们养成良好的饮水习惯。

▶▶ 活动1：找出婴幼儿自主饮水的问题

● 情境描述 1 ●

托育园给2岁以上的幼儿提供的都是开口杯。刚来到托育园的2岁半的果果不愿意喝水。通过观察，老师发现他在接水时，往往出现手忙脚乱的现象。有时候他边接水边和其他小朋友聊天，不一会儿水就接得特别满，都溢出来了；有时候他又拿不稳水杯，一不小心就将水杯掉在地上；有时候他会因不能将水杯对准水龙头而将水洒到地上，甚至会弄湿衣服或鞋子。

老师同果果的妈妈交流后得知：果果在家很少喝水，只是在吃饭时喝点汤、稀饭，而且每次都是妈妈说该喝水了，把吸管杯拿到他面前他才喝，从来没有自己主动使用过开口杯。

请小组讨论，找出果果不主动喝水的原因。

● 情境描述 2 ●

新学期开始了，托育园又迎来了新一批家长。家长都很关心婴幼儿在托育园的饮水问题，生怕自己的孩子不适应或者生病。有的嘱咐老师："老师，朵朵在家都是我们喂她喝水，她还不会主动喝，您多提醒她喝水。"有的家长带来了梨水、蜂蜜水、柠檬水等，希望老师给孩子喝，因为他们认为这些水对孩子的健康好，有营养，有润肺止咳的功效，而且自己的孩子喜欢喝。

面对这种情况，该如何做好家长工作，引导婴幼儿学会主动喝水，养成愿意喝白开水的良好习惯？

学习笔记

情境描述 3

新学期开始了，托育园迎来了 30 名婴幼儿。几天过去了，大多数婴幼儿逐渐适应了班级集体生活，在保教人员的悉心教育下逐步养成了健康的一日生活习惯。但是，不同班级都存在一个相同的问题：婴幼儿的喝水状况普遍不是很好。每天能够自觉主动喝水的婴幼儿很少，如果老师不予提醒，许多婴幼儿都不会主动喝水；有的婴幼儿需要老师将水倒好，端到他们面前，陪着他们喝水；有的婴幼儿接过水杯后，会趁老师一转身的工夫，悄悄地将杯子里的水倒掉；有的婴幼儿喝水很慢，含在嘴里不咽；个别婴幼儿干脆紧闭小嘴，一口水也不喝……

小组合作，找一找出现上述情况的原因，分条说明。

▶▶ 活动 2：引导婴幼儿主动饮水

情境描述 1

在家里，好多妈妈都知道每天让宝宝多饮水，但是只有妈妈能掌握量，宝宝自己没有量的概念。有时候会把半杯说成一杯，有时候会多数或者漏数了。有的入托育园的宝宝会说："我在托育园里都已经喝了好多好多水了，今天喝饱了。"

请帮家长想一个好的办法，帮助婴幼儿方便地量化自己的饮水量，同时也能及时了解婴幼儿的饮水量。

情境描述 2

夏天到了，婴幼儿的活动量增大，需水量增多。在托育园中，保育老师特意增加了饮水的次数，可尽管如此，每天放学后，水桶里留下的水还是很多。经过观察发现，很多孩子对饮水兴趣不高，每次喝得很少，但是觉得自己的饮水量已经够了。保育老师决定在饮水角做一个互动墙，呈现"今天我喝了多少水"等主题内容。

1.根据以上情境，针对某一年龄段，以小组合作的方式共同设计一个主题墙饰，使婴幼儿能具体、直观地看到自己的饮水量，同时也便于托育园操作。在下方画出设计草图，并制作完成。

2.模拟演练。收集饮水健康教育的素材，如儿歌、故事、绘本、歌曲等，选取某年龄段（6～12月、1～2岁、2～3岁），针对婴幼儿主动喝水方面的某一问题，小组合作模拟进行饮水健康教育，组内成员进行点评，写出改进措施。

3.头脑风暴。小组成员归纳总结完成表1-6-2。

表1-6-2　婴幼儿良好饮水习惯的培养

婴幼儿良好的饮水习惯	培养方法
主动饮水的习惯	
愿意喝白开水的习惯	
其他良好的饮水习惯	

三 组织婴幼儿集体饮水

饮水是婴幼儿一日生活中最重要的生活环节。多数婴幼儿要在托育园待上半天或者一整天,保教人员要引导他们学会排队饮水、自主饮水,每天保证适宜的水量,在饮水过程中能够避免危险,从而正常发育和健康成长。因此,能够科学合理地组织婴幼儿集体饮水,能够及时发现安全隐患,并说出预防措施是保教人员的必备能力。

▶▶ 活动1:做好饮水前的准备 〉〉〉〉〉〉

❶ 活动准备

1. 物品准备:饮水桶、水杯、饮水桶专用清洁巾、水杯专用百洁布、小刷子等。

2. 操作者准备:束起头发,剪短指甲,摘除手表及首饰,用七步洗手法洗净双手,穿上围兜,戴上头巾和口罩。

❷ 活动过程

1. 清洁、消毒饮水桶。

第一步:将饮水桶放在水池内,打开水龙头,用流动的水冲洗。用专用清洁巾按照桶口—桶内壁—桶内底—桶盖内外侧—桶外壁—桶外底的顺序依次擦拭,由内向外地将水桶冲洗干净。

第二步:打开饮水桶下方的水龙头,使流动的水从水龙头的出水口流出。

第三步:关上水龙头,在饮水桶中倒入1/3的开水,盖上盖子,用力左右摇晃饮水桶,使开水接触到桶内壁。打开饮水桶下方的水龙头,让开水流出。

第四步:用消毒液擦拭饮水桶的外壁,以达到消毒的目的。

2. 摆放饮水桶。放置好饮水桶后,盖好顶部的盖子,下方水龙头朝外,方便婴幼儿接水。

3. 清洁、消毒水杯。

第一步:洗。用百洁布擦拭杯口、杯内壁,用小刷子刷洗水杯的把手。

第二步:冲。用流动的水将水杯冲洗干净,依次放入待消毒的容器中。

第三步:消。用煮沸法消毒时,水面应浸没杯子,水沸腾后再煮10分钟;用蒸汽法消毒时,水沸腾后再蒸15分钟。消毒完毕后,将杯子倒扣放置沥干。

4. 摆放水杯。将消过毒的水杯放在水杯架上。注意事项:拿杯子时,手不碰杯口,柄朝外,杯口朝上。

5. 整理。将所用物品清理干净,摆放整齐。

扫一扫

准备饮水物品的
评分标准

❸ **实训练习**

2～4人为一组开展实训操作，其中一人操作，其他同学观摩。操作者一边实操一边讲解操作要领，其他同学按照准备饮水物品的评分标准给操作者打分。

❹ **总结与反思**

1.操作中容易出现哪些失误？造成这些失误的原因分别是什么？

2.提升操作规范性与熟练度的措施有哪些？

✎ 学习笔记

▶▶ **活动 2：指导婴幼儿集体饮水**

❶ **活动准备**

1.物品准备：水杯、水桶、餐桌、毛巾。

2.操作者准备：束起头发，剪短指甲，摘除手表及首饰，穿上围兜，戴上头巾和口罩，用七步洗手法洗净双手。

扫一扫

喝水

❷ **活动过程**

1.引导婴幼儿喝水前应先用七步洗手法清洗双手，然后按照顺序取自己的水杯。

2.将温度和水量适中的水倒入婴幼儿的水杯中，放置在婴幼儿的正前方。

3.指导婴幼儿在喝水时正确地拿水杯：右手持杯柄，左手扶杯身，避免水洒出或水杯滑落。

4.提醒婴幼儿轻轻端起水杯。提醒婴幼儿先吹一吹，再轻轻用嘴唇试一试，避免烫嘴。喝水时要一口一口慢慢喝，不要边走边喝，喝水时不说笑。

5. 帮助或者提醒婴幼儿将嘴巴擦干净。

6. 婴幼儿喝完后，指导婴幼儿将水杯放回水杯架的对应位置。

通过以上活动，思考下面的问题。

1. 在婴幼儿集体饮水的过程中可能存在的安全隐患有哪些？

2. 排查隐患的方法有哪些？

❸ 实训练习

2～4人为一组开展实训操作，其中一人模拟教师，一人模拟婴幼儿，其他同学观摩。操作者一边实操一边讲解操作要领，其他同学按照指导婴幼儿集体饮水的评分标准给操作者打分。

扫一扫

指导婴幼儿集体饮水的评分标准

▶▶ 应用与实践 ⟩⟩⟩⟩⟩⟩

一、单选题

1. 水是人体各种组织的主要成分，能协助体内生理程序的进行，还有（　　）的作用。

A. 调节体温　　　B. 提供热能　　　C. 促进肠蠕动　　　D. 抗氧化

2. 婴幼儿对水的需求量主要取决于（　　）。

A. 活动量　　　B. 气候、气温　　　C. 饮食状况　　　D. 以上都是

3. 婴幼儿饮水的要求是（　　）。

A. 小口尝试，避免烫嘴

B. 拿水杯前先用七步洗手法洗手

C. 喝水时不要说笑

D. 以上都是

云测试

4. 下列是为婴幼儿提供的饮用水，不安全的是（　　）。

A. 婴幼儿专用饮用水

B. 水质达标的白开水

C. 低矿且无菌的饮用水

D. 水龙头流出的自来水

5. 在（　　），保育员应提醒婴幼儿多饮水。

A. 吃饭前　　　　　B. 睡觉前　　　　　C. 课间休息时　　　　　D. 剧烈运动后

6. 指导婴幼儿接水饮水的错误做法是（　　）。

A. 右手持杯柄，左手扶杯身

B. 接满杯，避免洒落

C. 喝前吹一吹，避免烫嘴

D. 喝完后把水杯放回指定位置

7. 提高婴幼儿的饮水兴趣的方法有（　　）。

A. 设置饮水主题墙

B. 开展有利于饮水的故事活动

C. 设计饮水小游戏

D. 以上都是

二、论述题

在托育园里，保育老师发现佳佳特别不喜欢喝水，每次喝水都趁老师不注意接很少的水或者喝得很慢，然后偷偷将水倒掉。当你发现这个问题后，你觉得可能是什么原因造成的？你将如何与家长沟通？

单元七

睡眠活动照护

学习目标

通过本单元的学习，同学们应当达成如下学习目标。

1. 掌握婴幼儿的睡眠特点，识别出婴幼儿的睡眠信号。

2. 针对不同年龄段的婴幼儿，营造良好的睡眠环境。

3. 在婴幼儿睡前开展一系列的准备工作。

4. 按照规范流程开展对婴幼儿的睡眠监护，并对其不良睡眠习惯进行纠正。

5. 组织睡后整理活动，培养婴幼儿良好的睡眠习惯。

6. 通过开展睡眠照护，体验婴幼儿照护工作的专业性和对婴幼儿健康成长的价值。

学习建议

为了取得更好的学习效果，建议同学们在学习这部分内容时做到以下几点。

1. 课前预习阅读手册，了解本单元主要的学习任务，收集与婴幼儿睡眠相关的问题及视频作为学习的参考资料。

2. 观察生活中 0～3 岁婴幼儿的睡眠行为，了解婴幼儿的睡眠特点。

3. 参照《育婴员国家职业技能标准》《婴幼儿照护职业技能等级标准》等开展实操练习。

4. 借助实训的机会，或利用假期、周末，开展婴幼儿睡眠照护的实践，强化自身的睡眠照护技能，培养自身热爱婴幼儿的职业情感。

建议学时：2 学时。

学习导航

睡眠活动照护
- 营造良好的睡眠环境
  - 了解不同年龄段的婴幼儿的睡眠需求
  - 了解良好的睡眠环境的要求
  - 创设睡眠环境
- 识别睡眠信号
  - 观察睡眠信号
  - 根据睡眠信号及时哄睡
- 睡前准备
  - 指导脱穿衣物
  - 讲述睡前故事
  - 开展睡前指导
- 睡中观察
  - 观察婴幼儿的睡姿
  - 培养良好的睡眠习惯
- 睡后整理
  - 睡后指导
  - 睡后环境整理

情境故事

　　3月21日是世界睡眠日。睡眠，是人类不可缺少的一种生理现象。新生儿、婴幼儿的睡眠占他们生活的大部分时间，年龄越小睡眠时间越长。某托育园的保教人员十分重视睡眠活动的照护工作。每班的三位保教人员会相互配合，确保孩子拥有高质量的睡眠。在睡眠活动前，他们会创设良好的睡眠环境，为孩子铺好床，拉好窗帘，调好室温，播放轻柔的音乐，准备有趣的绘本用于讲睡前故事。保教人员带孩子上完厕所后，会安排他们有序地进入睡眠室，脱衣服并摆放整齐，钻进被窝，听着故事安静入睡。在睡眠过程中，保教人员每隔15分钟会进行巡视，排除各种安全隐患，对有特殊情况的孩子加强关注和照顾，确保其睡眠质量。睡眠结束后，保教人员会用音乐唤醒孩子，并引导孩子穿好衣服，做好睡后整理工作。

一　营造良好的睡眠环境

　　托育园的婴幼儿精力充沛地折腾了半天，终于熬到即将进入梦乡的"轻松一刻"，保教人员本以为可以松一口气，但是照料婴幼儿的睡眠也不是一件简单的事情。孩子自出生开始，往往一天的大部分时间都处于睡梦之中，所以一个好的睡眠环境对孩子来说是很重要的。只有睡得好，身体的各个方面才能发育好。婴幼儿的睡眠质量与睡眠环境直接相关。因此，托育园的保教人员为婴幼儿营造良好的睡眠环境至关重要。

▶▶ 活动1：了解不同年龄段的婴幼儿的睡眠需求

📖 相关资料

充足的睡眠对婴幼儿的体格和智能发育非常重要。孩子越小，睡眠越多，新生儿每天睡 16～20 小时。充足的睡眠能促进大脑功能的发育和发展，有利于贮存脑能量、巩固记忆和恢复体力。睡眠不足会影响婴幼儿认知的发育，损伤大脑额叶皮质功能。

🔸 情境描述 🔸

托育园收到了家长咨询的问题："您好，我家宝宝下周就 4 个月了，纯母乳喂养，睡眠情况不佳。身高和体重总是在正常范围的下限。最近两天更是白天不肯睡觉，一直要到晚上七八点才肯睡，一睡就睡 4 小时，然后起来吃奶，之后每 2 小时吃一次奶，请问是怎么回事呢？需要怎么处理呢？急盼您回复。"

根据以上描述，请查阅阅读手册，完成下列练习。

1. 你认为婴幼儿的睡眠重要吗？请写明睡眠对婴幼儿健康成长的价值。

📝 学习笔记

2. 上述情境中的宝宝睡眠是否足够？ 4 个月大的婴儿一天应该需要多少睡眠时间？请对此开展家长指导。

3. 学习阅读手册，填写表 1-7-1。

表 1-7-1 婴幼儿 24 小时内平均睡眠时间

年龄	总睡眠时间（小时）	夜间睡眠时间（小时）	白天睡眠时间（小时）
出生后一周			
1 月龄			
3 月龄			
6 月龄			
9 月龄			
12 月龄			
18 月龄			
2 岁			
3 岁			

▶▶ 活动2：了解良好的睡眠环境的要求 ＞＞＞＞＞＞

情境描述 1

每当托班的宝宝睡着后，负责照护的芳芳老师就特别谨慎，在睡眠室里踮起脚走动，不敢做任何事情，生怕发出一丁点声响把宝宝吵醒。她总是希望宝宝能在她刻意制造的极度安静的环境里睡个好觉。

情境描述 2

托育园的保育老师在寒冬为了让孩子睡得暖和，特意为孩子盖上厚厚的被子。太厚的被子往往过重，可能令孩子呼吸不畅；被子中过高的温度反而会使孩子烦躁不安乃至哭闹不停，同样影响其睡眠质量。让孩子从小就在过分温暖的环境下入睡还可能降低他们对寒冷的抵抗力，变得弱不禁风。

分析上述情境，回答下列问题。

1. 婴幼儿是否需要特别安静的睡眠环境？为什么？

2. 为婴幼儿创设睡眠环境时，需要注意哪些方面的检查？

门窗

床

室温

其他

3. 请绘制良好的睡眠环境图。

▶▶ 活动 3：创设睡眠环境 >>>>>>

❶ 活动准备

1. 场地准备：具备窗户、窗帘的婴幼儿睡眠实训场地。

2. 物品准备：床、被褥、音乐播放器、适龄绘本、室温计、湿度计、床刷。

3. 操作者准备：束起头发，洗净双手，穿着适宜的服装。

❷ 活动过程

2～4 人为一组，进入婴幼儿睡眠实训场地开展实训操作。

1. 通风。提前打开门窗通风，保持空气流通。秋冬季铺床后要关窗，夏季要开窗通风。

2. 调节光线。在婴幼儿进入卧室脱衣前关窗并拉上窗帘。卧室内光线要柔和。

3. 控制室温和湿度。调节室温和湿度，合理使用空调、加湿器，空调请提前开启。冬季使室温保持在 14 ℃～18 ℃，夏季使室温保持在 27 ℃左右。调整空调温度并注意风向（不能直接对着婴幼儿吹）。理想的卧室湿度为 50%～60%。

4. 铺床。为婴幼儿准备好睡眠所需的床铺和被褥，使铺位舒适，被褥清洁、柔软、薄厚适宜，并根据季节变化及时更换适宜的床褥。掀开被子的一角，方便婴幼儿钻进被窝，避免着凉。

为婴幼儿铺床时的注意事项有哪些？

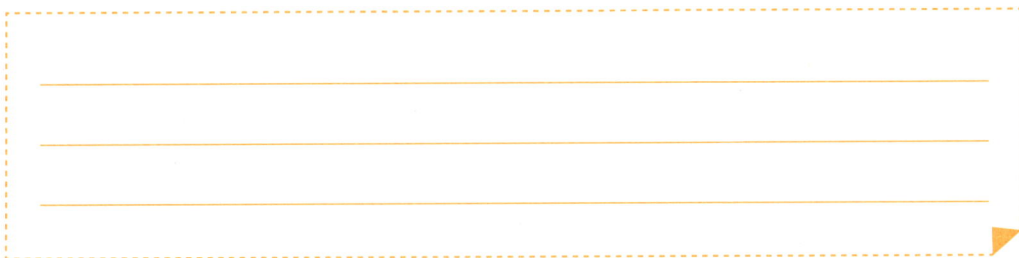

5. 安排床位。安排床位时，卧室内床头的间距应为 0.5 米左右，两排床

的间距应为 0.9 米左右。全体婴幼儿头脚交叉睡。

为婴幼儿安排床位时的注意事项有哪些？

❸ 实训练习

2～4 人为一组开展为婴幼儿创设良好睡眠环境的模拟实训，其中一人操作，其他同学观摩。操作者一边实操一边讲解操作要领，其他同学按照创设良好睡眠环境的评分标准给操作者打分。

扫一扫

创设良好睡眠环境的评分标准

二　识别睡眠信号

婴幼儿的睡眠时机并不是由爸爸妈妈或托育园的保教人员来安排的。照护者要根据婴幼儿的睡眠需求以及睡眠信号来确定何时安排婴幼儿入睡。如果未识别或误读了婴幼儿的睡眠信号，会导致过于疲倦的婴幼儿兴奋、易怒、急躁、难以入睡，这是因为他们体内的化学物质在对抗疲倦，疲倦会造成肾上腺素的浓度增加，让他们保持有活力、清醒、兴奋的状态。结果这就变成了一个恶性循环，婴幼儿会因为缺觉而过度疲劳，进而难以入睡。

▶▶ **活动 1：观察睡眠信号**

情境描述 1

小布丁只有 3 个月大，一天，她正在床上开心地踢腿摇摆。这时候小布丁的爷爷走进来，使劲逗她。我无奈地对他说："孩子很困了，你别再逗她了。"小布丁的爷爷有点不开心，他说："她明明这么精神，还在玩儿，哪里困了？"说完就生气地走了。过了不到 5 分钟，小布丁的爷爷又来了，很惊讶地说："小家伙还真睡了！"其实，小布丁在爷爷走后不到 2 分钟就睡着了。

情境描述 2

托育园的小林老师遇到了困难，因为班里有一部分家长比较随性。有家长对她说："老师，不要强迫孩子睡觉，孩子想睡就睡，不想睡，那就不让他睡。"家长这样的照护方法似乎是出于婴幼儿的需求。

分析上述情境，回答下列问题，完成练习。

1.如果小布丁继续被逗着玩，妈妈没有重视她的睡眠信号，会产生什么情况？

2."孩子想睡就睡，不想睡，那就不让他睡"这样的照护观念是否正确？为什么？小林老师该怎么办？

3.观察并收集婴幼儿的睡眠信号。若有照片，可贴在下面。

4.查阅阅读手册，研讨及归纳婴幼儿的睡眠信号。

睡前情绪

睡前语言

睡前动作

睡前眼神 _____
_____
_____

其他特征 _____
_____

▶▶ 活动 2：根据睡眠信号及时哄睡 〉〉〉〉

● 情境描述 1 ●

小丁当平时一哭闹，大人就会想办法逗他乐，以求停止哭闹。但每次睡前小丁当一哭闹，大人怎么哄和逗都无济于事。因为犯困时小丁当就会发脾气、哭闹，这种现象是因为想睡觉而产生的，逗乐解决不了小丁当的困倦问题，而是要及时给予安抚并安排睡眠。

分析上述情境，回答下列问题。

1. 小丁当的睡眠信号有哪些？

_____
_____
_____

2. 针对小丁当的睡眠信号，我们该如何做？

_____
_____
_____

● 情境描述 2 ●

在婴幼儿学会用语言跟父母交流之前，就已经能通过肢体语言来告诉父母他们是否累了，是否需要睡觉了。读懂这些肢体语言，是成功哄睡的关键。常见的与睡眠相关的肢体语言有连续打哈欠、变得安静、对逗玩失去兴趣、变得烦躁、动作变得僵硬、哭闹等。如果照护者没有及时捕捉到婴幼儿的这些肢体语言，没有及时哄睡，婴幼儿很可能会进入过度疲劳的状态。一旦进入了这个状态，那么接下来的哄睡工作会十分艰巨。

分析上述情境，回答问题并完成练习。

1.除了上述情境中提到的睡眠信号之外，你还知道哪些?

2.根据收集的婴幼儿的睡眠信号找到相应的哄睡小妙招，分享介绍，比比谁的妙招好（见表1-7-2）。

表 1-7-2　睡眠信号及哄睡小妙招

睡眠信号	哄睡妙招	我的哄睡小妙招
打哈欠	把宝宝放到床上，播放轻柔的睡眠曲	
哭闹	抱着宝宝安抚、哄睡	

三　睡前准备

托育园的保教人员在照护婴幼儿睡觉的时候，不仅要为他们创设良好的睡眠环境，还要鼓励他们做力所能及的事情，如穿脱衣服、鞋袜等，要对婴幼儿的尝试与努力给予肯定，不要因为他们做不好或做得慢而包办代替。同时，还要指导婴幼儿学习和掌握生活自理的基本方法。

扫一扫

午睡前的准备

▶▶ 活动1：指导脱穿衣物 〉〉〉〉〉〉

● 情境描述 ●

婴幼儿睡前脱完衣服后，王老师会引导他们将衣服叠放整齐，她将叠衣服的方法编成了生动形象的儿歌："小衣服，躺平了，两扇大门要关好，左臂弯一弯，右臂弯一弯。"跟着儿歌，婴幼儿能把自己的小衣服叠放好。王老师在活动中有意识地引导婴幼儿认识衣服的前后，了解平铺衣服的方法，帮助他们进行简单的对折练习。王老师还在睡前给婴幼儿做示范，告诉他们："我会这样做，请你跟我这样做。"

扫一扫

午睡前的护理

学习笔记

1.婴幼儿脱穿衣物时应注意保护哪些身体部位？请回答问题并说明原因。

2.根据阅读手册，说明如何指导婴幼儿脱穿衣物。

扫一扫

脱衣物指导

3.尝试给婴幼儿脱穿衣物编首儿歌。

扫一扫

指导穿脱衣物的评分标准

4.实训练习。2～4人为一组开展实训操作，其中一人操作，其他同学观摩。操作者一边实操一边讲解操作要领，其他同学按照指导脱穿衣物的评分标准给操作者打分。

▶▶ **活动 2：讲述睡前故事**

● **情境描述 1** ●

睡前故事时间到了，毛毛老师先等待孩子们安静下来，再打开绘本讲起了故事：

"呵——"

小熊打了一个哈欠。

小熊睡觉了。

"呵——"

小老鼠打了一个哈欠。

小老鼠也睡觉了。

"呵——"

小兔子打了一个哈欠。

小兔子也睡觉了。

"呵——"

小猪打了一个哈欠。

小猪也睡觉了。

大家都睡觉了。

睡呀睡，睡呀睡……

孩子们在毛毛老师的故事中进入了梦乡。

● 情境描述2 ●

托班的孩子在午睡的时候，经常出现这样的情况，有一个孩子不知为何突然笑起来后，另一个孩子也会莫名其妙地跟着笑，接着其他孩子也会一起笑。他们就这样相互影响，难以入睡。对于这样的情况，最常用的方法就是给孩子讲故事，选择他们喜欢的故事，引导他们安静下来听故事。

1.若为婴幼儿讲述睡前故事，你会选择哪些绘本？

2.在讲述睡前故事的时候，应注意什么？

扫一扫

给婴幼儿讲述故事的评分标准

3.实训练习。2～4人为一组开展实训操作，其中一人操作，其他同学观摩。操作者一边实操一边讲解操作要领，其他同学按照给婴幼儿讲述故事的评分标准给操作者打分。

▶▶ **活动 3：开展睡前指导** ≫≫≫≫≫

◉ 情境描述 1 ◉

　　王老师最近在引导孩子们午睡时遇到了困难。她发现孩子们进睡眠室后总是闹哄哄的，他们脱了衣物后并没有马上进被窝，也没有好好盖被子，可是跟他们讲道理却收效甚微。她查了很多资料，想来想去终于想到了好办法。王老师换了种方法提要求："老师已经帮小朋友翻好了被子，看哪个小朋友能模仿小鼹鼠又快又好地钻进被窝？"孩子们七嘴八舌地说："我会！我会！"可是一开始有些孩子把被窝弄开了，有些孩子的身体还在被子外面。这时，王老师又发现青青小朋友躺在床上一动不动，她就以青青为榜样。这下，大部分孩子都能钻进被窝躺好了。此时，王老师只要再稍微指导一下个别没有躺好的孩子就可以了。"小鼹鼠钻被窝"这个方法奏效了！王老师说："小鼹鼠们午安，祝你们睡个好觉！"

◉ 情境描述 2 ◉

　　冬冬躺在床上翻来覆去地折腾，一会儿和陈老师说想喝水，一会儿要起来上厕所。他躺下没一会儿，又要陈老师坐到他旁边拉着他的手。初入职的陈老师拿冬冬没有办法，所以每次哄冬冬睡觉都是一件很麻烦的事情。

根据上述情境，回答问题并完成练习。

1. 王老师的睡前指导为什么能成功？还有哪些有效的睡前指导方法？

2. 面对冬冬的睡前状态，陈老师该如何帮助他？

3. 请绘制为婴幼儿做睡前准备工作的思维导图。

4. 根据阅读手册，讨论如何有效开展睡前准备工作。

（1）在开展各项睡前活动时应注意哪些问题？

如厕

洗手、擦手

进入卧室

脱衣物并整理

（2）如何有效地营造氛围？

播放音乐

讲故事

（3）如何平复婴幼儿的情绪从而为入睡做准备？

（4）如何照护个别入睡困难的婴幼儿？

扫一扫

午睡巡查

四　睡中观察

很多人认为婴幼儿睡着后，保教人员就可以放松了，这似乎是保教人员最省心的一段时间。其实不然，在婴幼儿睡着的这段时间内潜藏着很多保教工作。例如，婴幼儿的睡姿等待保教人员去指导，婴幼儿的睡眠精神状态等待保教人员去评估，婴幼儿在睡眠时的一些安全隐患需要保教人员去排除。

▶▶ 活动1：观察婴幼儿的睡姿

● 情境描述1 ●

正确的睡姿有利于婴幼儿健康成长。家长和保教人员都应该帮助婴幼儿采用正确的姿势睡觉，这样才能够更好地使他们提升睡眠质量，从而健康成长。但是在实际的生活和工作中，我们却发现有的婴幼儿喜欢枕着自己的小手睡觉；有的婴幼儿喜欢蒙头大睡，因为盖着被子感觉比较安全；还有的婴幼儿在睡觉时喜欢张着小嘴呼吸……

1.以上情境中的睡姿是否正确？为什么？

2.拍摄或绘制婴幼儿的各种睡姿。

情境描述 2

李老师发现孩子们的睡姿是各式各样的，有侧卧、仰卧和俯卧等睡姿。一般情况下，婴幼儿最好不要用俯卧睡姿睡觉，因为这样容易窒息。正确的睡姿最好是侧卧和仰卧一起交替进行，即左侧卧、右侧卧和仰卧交叉进行。

1.根据阅读手册，分析每一种正确睡姿的益处。

侧卧

仰卧

其他睡姿

2.婴幼儿有哪些不良的睡姿？不良的睡姿有什么危害？相应的纠正方法是什么？

（1）张嘴睡。

描述睡姿

描述危害

纠正方法

（2）枕臂睡。

描述睡姿

描述危害

纠正方法

（3）蒙头睡。

描述睡姿

描述危害

纠正方法

（4）趴着睡。

描述睡姿

描述危害

纠正方法

（5）其他不良睡姿。

描述睡姿

描述危害

纠正方法

▶▶ 活动2：培养良好的睡眠习惯

● 情境描述1 ●

　　融融刚入托时，一直不能自主入睡，希望老师陪在他身边，轻轻拍他哄他入睡。老师一旦离开，他就不肯入睡。在此之后，老师尝试让他自己睡。老师在拍其他小朋友的时候看着他，跟他说："融融，今天你自己试着睡好吗？我会在旁边看着你的眼睛，看看融融今天棒不棒。"第一天，融融仍睡不着；第二天，融融入睡较慢，但也能睡一小会儿；第三天，没人拍他也能自己睡着了。起床后，老师对他说："融融，今天好棒。中午是自己睡的。"他听了很高兴，边穿衣服边说："老师，明天我还要自己睡。"

● 情境描述2 ●

　　睡觉期间，大部分婴幼儿都已入睡。突然，科科大哭起来，老师赶紧询问原因。原来科科把上午游戏时的珠子偷偷藏了起来，想在睡觉时玩，他把珠子放到了耳朵里，掏不出来了。老师赶紧采取小异物入耳的急救措施，把珠子弄了出来。

情境描述 3

　　孩子入睡后，我每隔 15 分钟就巡视一次，检查他们的被子是否盖好了，纠正不正确的睡姿。和前两天一样，睡到一半的时候，栋栋小朋友睁开眼睛坐了起来，看看我说："老师，我尿床了。"我赶忙帮他掀开被子，发现床的中间湿了一片。我马上说："没关系，老师帮你拿衣服。"栋栋已经尿了好几次床了，基本就是在睡到一半的时候。于是我在平时多关注栋栋的饮水量，避免让他过多喝水、喝汤，并提醒他睡前去小便，睡到一半的时候再提醒他去小便，偶尔尿床了，不刻意强调，很自然地帮他换衣服，淡化尿床的事情。经过一段时间后，栋栋已经有了很大改善。

　　1. 老师是如何帮助融融形成自主入睡的习惯的？

　　2. 为避免发生类似情境 2 中的安全事故，我们应如何做？

　　3. 情境 3 中的老师的睡眠照护行为合适吗？你还有别的办法帮助栋栋吗？

　　4. 观察记录。

　　（1）询问情况：向家长询问婴幼儿既往的睡眠情况。例如，有无睡眠连续性中断、就寝困难等情况；有无不良睡姿，如张嘴睡、枕手睡、蒙头睡、趴睡等。

　　情况记录

（2）创造适于婴幼儿睡眠的环境：准备安静的环境、整洁的床铺，睡眠室的光线及温湿度要适宜，尽量减少不良干扰因素；给婴幼儿读准备好的睡前读物；与婴幼儿聊天，消除婴幼儿担心、害怕、紧张的情绪。

情况记录

（3）限制和控制婴幼儿的睡前行为：睡前忌进食、饮水过多；不可过度游戏、玩耍，使婴幼儿的情绪较为稳定。

情况记录

（4）纠正不良入睡方式及不良睡眠节律模式、睡姿、行为等。

不良入睡方式：奶睡（含乳头或奶嘴入睡）、抱睡（拍抱或摇晃入睡）等。

不良睡眠节律模式：晚睡晚起、晚睡早起、睡眠时间过多或过少、睡眠周期颠倒、夜间易醒（夜醒次数多或夜醒时间长）等。

不良睡姿：张嘴睡、枕臂睡、蒙头睡、趴睡等。

不良睡眠行为：擦腿综合征、遗尿等。

情况记录

（5）整理用物，洗手，记录。

情况记录

（6）注意事项：动作熟练且轻柔，保护婴幼儿，避免不必要的伤害。

五　睡后整理

　　起床时间到了后，保教人员要叫醒婴幼儿；引导婴幼儿穿衣物，并检查衣服是否穿整齐；引导婴幼儿走出睡眠室，如厕、盥洗，然后坐到小椅子上等待发午点；此时保教人员要做好睡眠室的环境和物品收整工作，并对婴幼儿开展午检工作。

▶▶ 活动1：睡后指导 〉〉〉〉〉

● 情境描述1 ●

　　很多小宝宝睡醒后不哭不闹，乌溜溜的大眼睛转过来转过去，看看这里，瞅瞅那里，安安静静地观察这个世界，也有不少的小家伙醒来后第一件事就是大哭，他们是要用哭声来告诉爸妈，我已经醒了，可没看到你们，赶快来抱抱我吧！

● 情境描述2 ●

　　轻音乐响起，托班的小朋友逐渐醒来，他们揉揉眼睛坐了起来。他们在老师的引导下穿好衣服，走出睡眠室，如厕、盥洗，然后安静地坐在小椅子上等待老师发午点。

　　根据上述情境，回答以下问题。

　　1.经常听人说婴幼儿有"起床气"，保教人员该如何照护刚睡醒的婴幼儿呢？

　　2.婴幼儿起床后，保教人员除了需要引导婴幼儿穿衣物，还需要做哪些睡后指导工作？

扫一扫

起床后的护理

3. 请小组讨论，填写睡后指导的主要工作内容（见表 1-7-3）。

表 1-7-3 婴幼儿睡后指导的主要内容

序号	项目	主要内容
1	起床唤醒	
2	指导穿衣物	
3	组织如厕、洗手	
4	组织睡后活动	

▶▶ **活动 2：睡后环境整理**

情境描述

午睡后，婴幼儿陆续离开了睡眠室，王老师开始整理睡眠室。她把门窗打开通风，把床铺整理好，把他们的拖鞋放归鞋架上，并进行常规清洁卫生工作。

根据上述情境，回答以下问题。

1. 为什么要进行睡后环境整理工作？

2. 婴幼儿离开睡眠室后，该如何进行整理工作？

开窗通风

整理床铺

清洁地面

放置物品

消毒

其他

云测试

▶▶ **应用与实践** ◇◇◇◇◇◇

一、单选题

1. 睡眠照护的主要任务是（   ）。

A. 指导婴幼儿自己穿脱衣服

B. 帮助婴幼儿学习叠被子

C. 保证婴幼儿睡好、睡足

D. 引导婴幼儿把鞋子放在固定的位置

2. 婴幼儿的正确睡姿是（   ）。

A. 趴睡   B. 侧睡   C. 张嘴睡   D. 蒙头睡

3. 照护婴幼儿睡眠的睡前准备工作不包含（   ）。

A. 如厕   B. 洗手   C. 脱衣物   D. 吃食物

4. 营造婴幼儿良好的睡眠环境的错误做法是（   ）。

A. 做健身操   B. 关门窗   C. 拉窗帘   D. 播放音乐

5. 一至两岁的幼儿每日适宜的睡眠总时长是（   ）。

A. 20 小时   B. 14 小时   C. 12 小时   D. 8 小时

二、论述题

请阅读以下材料，评析保教人员是否完整履行了睡眠保育的职责。

在中一班的睡眠室里，负责午睡值班的张老师看幼儿都已安静地躺下且闭上眼睛了，就坐到睡眠室一角的办公桌旁看幼教杂志。她严格遵守巡视时间，每隔15分钟手机就会振动，

她会向幼儿睡觉的方向扫视一下，发现蹬被子等异常问题会及时处理。中途，坤坤小朋友从被窝里出来，直接走到张老师跟前请求上厕所，张老师点头同意了，并提醒坤坤注意安全。坤坤上厕所回来后，旁边的阳阳小朋友睡醒了，于是就和坤坤讲话。此时，张老师及时提醒："阳阳，午睡时不能讲话。"过了一会儿，阳阳又忍不住讲话了。张老师坐不住了，走过去对阳阳说："今天下午的玩沙游戏，不允许你参加，等你哪天午睡不讲话了，才可以参加下午的游戏。"

起床音乐响了，张老师要求幼儿立即起床："小朋友，快起床，你们是中班的大姐姐、大哥哥了，不要做小懒猫，不会穿衣服的可以互相帮助，如果实在不会穿，可以喊老师来帮忙。"在15分钟的穿衣过程中，并没有幼儿向老师请求帮助，等所有幼儿都离开后，张老师高兴地想：到底是中班了，看护午睡越来越轻松了，于是也高高兴兴地离开了睡眠室。

单元八

离园活动
照护

学习目标

通过本单元的学习，同学们应当达成如下学习目标。

1. 做好离园前检查，包括婴幼儿的排便情况、喝水情况、穿衣物情况、身体情况、人数等。
2. 根据离园交接流程组织婴幼儿有序离园。
3. 在核查婴幼儿一日生活记录表的基础上与家长交流婴幼儿在园的表现。
4. 通过离园环节培养婴幼儿良好的生活习惯。
5. 实施离园后的清洁与消毒工作。
6. 通过离园活动逐渐培养婴幼儿的良好习惯，做好回应性照护，引导婴幼儿逐步形成规则和安全意识。

学习建议

为了取得更好的学习效果，建议同学们在学习这部分内容时做到以下几点。

1. 收集与婴幼儿离园活动相关的图片、视频和故事。
2. 观摩托育园离园流程，或向有经验的托育园保教人员请教相关问题，加深对离园流程的认识。
3. 借助实习的机会，多观察婴幼儿离园照护环节，尝试协助组织离园活动。

建议学时：2学时。

学习导航

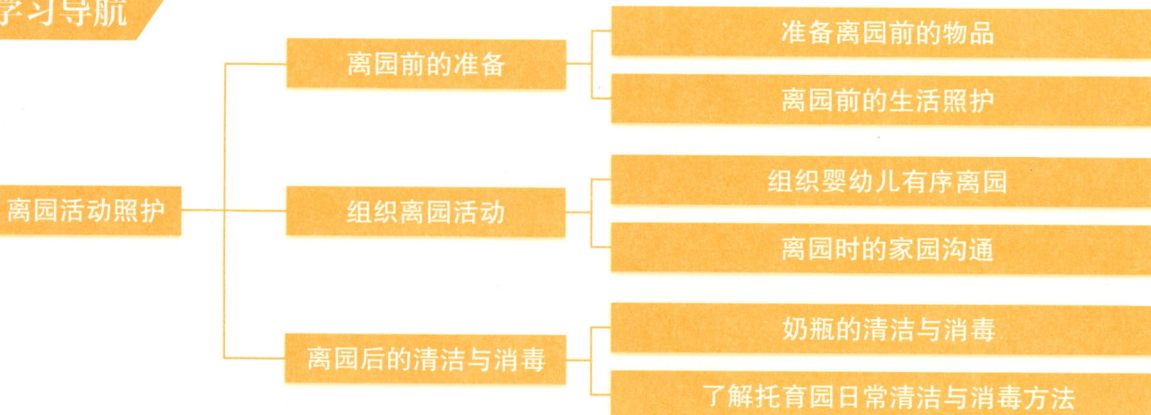

情境故事

下午4点，托贵园的璐璐老师在组织小朋友结束集体游戏后，引导小朋友坐在椅子上等待家长来接，她询问小朋友是否需要如厕以及喝水，并请有需求的举手示意，小朋友在得到老师允许后方可有序地如厕、喝水。璐璐老师提醒小朋友如厕后要洗手；引导要喝水的小朋友自主去拿自己的水壶饮水，饮水后再自主地将水壶放在柜子上；待所有小朋友结束如厕和饮水后，璐璐老师鼓励小朋友自己整理回家的书包、穿衣服和换鞋；帮助小朋友检查相关物品，穿好衣服和鞋子，引导小朋友排好队伍，提醒小朋友要有序地跟随老师走到园所的门口，不可以自行乱跑。

同时，璐璐老师还安排了保育老师对教室进行清洁和消毒，鼓励小朋友在离园时和同伴、老师挥手说再见，帮助小朋友养成离园的好习惯。

在门口等待家长时，璐璐老师安排班级内的副班老师一起照护小朋友，璐璐老师和先来接小朋友的家长进行短暂且有效的沟通，简单反馈小朋友一日生活的主要活动及事件，当家长想要了解更多、更细致的问题时，璐璐老师表示后续可以在微信或者邮件中给予回复。此时，副班老师则照看还未被接走的小朋友，防止场面失控、有小朋友偷跑出园所等情况的出现。璐璐老师和副班老师顺利送走所有小朋友之后，对教室进行了清洁与消毒，并做好了检查和记录工作。

一 离园前的准备

托育机构离园前的检查工作是体现托育机构专业、可信的重要标志之一。做好离园前的检查工作，不仅是保教人员对自己工作负责，更是对家长、对婴幼儿负责。通常情况下，保教人员应在婴幼儿离园前检查婴幼儿的身体情况、穿衣戴帽是否整齐等，是否有擦伤、碰伤，离园时可与家长解释，以免引起误会。保教人员还应检查婴幼儿是否携带玩具回家，应整理带回家的物品有哪些。此外，保教人员还要有意识地帮助婴幼儿养成良好的离园习惯，包括引导婴幼儿自主检查物品，礼貌地与同伴和老师告别等。

▶▶ 活动1：准备离园前的物品

● 情境描述 ●

托育园托大班的小朋友和往常一样上完了下午的课，老师告诉小朋友，如果想要小便就及时去厕所，其他小朋友要坐在自己的小板凳上等待家长来接。因为同一时间点来接小朋友的家长较多，老师忙着帮小朋友整理，可能会出现遗漏物品、拿错书包、给小朋友穿错裤子等情况。

根据上述情境，回答下列问题。

1.在上述情境中，出现遗漏物品、拿错书包这些情况的原因是什么？

2.为了避免上述情境中的问题，在离园前应着重注意哪些方面的检查？

▶▶ **活动 2：离园前的生活照护**

● **情境描述 1** ●

在 1～12 月龄的小宝班的婴儿离园前，保教人员会与婴儿亲切互动，稳定婴儿的情绪，帮助婴儿整理仪表，将婴儿的物品整理好，并对婴儿进行检查，如口袋里有没有小玩具、身上有没有伤口、衣裤有没有湿、尿不湿是否有大便或尿量多等。若婴儿的尿量较多，保教人员会及时帮婴儿换新的尿不湿。此外，保教人员还会帮助婴儿整理书包、换穿室外鞋，等待家长来接。

分析上述情境，完成下列实践活动。

1.设计一张 1～12 月龄婴儿离园前生活照护清单（见表 1-8-1）。

表 1-8-1　1～12 月龄婴儿离园前生活照护清单

项目	内容

2.婴幼儿因其生理特点，在一开始是完全依赖成人的照护的，但随着其能力的发展，我们要有意识地培养他们的好习惯。请小组合作，分年龄段设计1～12月龄婴儿离园好习惯养成教育安排表（表1-8-2）。

表1-8-2　1～12月龄婴儿离园好习惯养成教育安排表

项目	好习惯养成标准

情境描述 2

在24～36月龄的幼儿离园前，保教人员会与幼儿亲切互动，帮助幼儿回顾一日生活中的活动与游戏，稳定幼儿的情绪，肯定他们的点滴进步。除了引导幼儿进行一日回顾外，保教人员还会指导幼儿自主整理仪表，提醒幼儿带好物品，对幼儿进行检查：如口袋里有没有小玩具、身上有没有伤口、衣裤有没有湿等。保教人员会提醒幼儿如厕，如厕后记得要洗手，并找到自己的擦手巾擦手。但在整理仪表环节中，幼儿因不完全具备整理技能，很容易系错扣子、穿反鞋子。

分析上述情境，完成下列实践活动。

1.设计一张24～36月龄幼儿离园前生活照护清单（见表1-8-3）。

表1-8-3　24～36月龄幼儿离园前生活照护清单

项目	内容

2.请小组合作，分年龄段设计24～36月龄幼儿离园好习惯养成教育安排表（见表1-8-4）。

表 1-8-4　24～36 月龄幼儿离园好习惯养成教育安排表

项目	好习惯养成标准

扫一扫

离园

二　组织离园活动

在婴幼儿离园环节中，保教人员要做好一日生活总结以及家园沟通，向家长反馈婴幼儿的一日生活和学习情况。在离园流程方面，保教人员要合理分工、站位组织婴幼儿有序离园；做好有特殊情况的婴幼儿在离园环节的交接安排工作；做好因故由他人代接的婴幼儿的交接工作。

▶▶ **活动1：组织婴幼儿有序离园**

情境描述 1

在婴幼儿离园环节中，家长和孩子的情绪都比较兴奋，保教人员因需要帮助婴幼儿做好离园前的准备。面对来接孩子的家长，保教人员需要一边进行短暂的家园沟通，一边关注身边孩子的一举一动，有时候会出现离园场面较紧张和混乱的现象。某托育园的保教人员因没有及时看好2岁的田田，导致田田跑出托育园大门时被来往的车辆撞倒了。

情境描述 2

园所大门外会聚集很多的家长，有的家长在等待时会焦急地挤在人群的前面，当孩子出来后，有的家长看到自己的孩子就忙着打招呼，孩子看到家长后会兴奋地冲向人群。保教人员要一边关注身边孩子的一举一动，一边用目光追随跑走的孩子，此时，可能会忽视有特殊照护需要的孩子。这些孩子容易情绪紧张，进而出现哭和喊叫的情况，使离园场面混乱并且存在安全隐患。

分析以上情境，小组讨论并回答以下问题。

1. 婴幼儿离园活动的目标是什么？

2. 离园环节的安全隐患有哪些？

3. 如何合理、有序地安排离园环节的工作？

▶▶ 活动2：离园时的家园沟通

◉ 情境描述 ◉

以下是某托育园6～12月龄小宝班的老师在离园时开展家园沟通的内容。

琪琪妈妈："老师，今天我走后琪琪表现得怎么样啊？"

老师："琪琪妈妈，早上琪琪和您分开时哭了一会儿，之后我陪她玩了一会儿玩具，她就不哭了。琪琪今天表现得挺不错的。"

琪琪妈妈（看向琪琪）："琪琪真棒呀。今天午睡睡得好吗？"

老师："今天琪琪入睡还是比较快的，睡觉也很安稳，老师轻轻拍了拍就睡着了。她中间没有醒来，睡了足足两个小时。"

琪琪妈妈："我很担心她会经常哭，怕她还不适应，不过听您这么说，她这周的表现似乎比上周好一点。"

老师："您不用过于担心，刚刚入园的两周会有不适应的现象，这很正常，适应是需要一个过程的。"

琪琪妈妈："您说得也有道理，那今天琪琪的大小便情况怎么样啊？"

老师："今天琪琪尿了 4 次，尿量不太多；她拉了 1 次，大便是成形的。您看，这一份是琪琪今天的一日生活记录表，里面记录了琪琪的日常情况。另外，这是我们和琪琪一起完成的艺术作品。"

琪琪妈妈："好的，谢谢老师，太全面了。太好了，那我先接琪琪回家，后续我有问题再与您联系，再见。"

琪琪妈妈："琪琪，和老师说再见。"

琪琪："老师再见！"

老师："琪琪再见！"

分析上述情境，先回答问题再设计相关记录表。

1. 对于小月龄婴儿的家长，在家园沟通中应侧重哪些要点进行反馈？

2. 请设计 6 ～ 12 月龄婴儿的一日生活记录表。

三　离园后的清洁与消毒

托育园是婴幼儿生活、学习和游戏的主要场所，托育园的清洁与消毒工作直接关系到婴幼儿健康。托育园日常清洁消毒应依照《托儿所幼儿园卫生保健工作规范》，定期进行预防性消毒，在传染病流行季节每日适当增加消毒次数。寝室的床铺和被褥应保持卫生、整洁。餐桌、床围栏、门把手和水龙头等物体表面应每天用清水擦拭，地面要保持清洁。婴幼儿的用具、玩具每周应至少清洁消毒 1 次，传染病流行季节应每日清洁消毒 1 次。要切实做好清洁与消毒工作。

▶▶ 活动 1：奶瓶的清洁与消毒 〉〉〉〉〉〉

❶ 活动准备

1. 掌握阅读手册和《托儿所幼儿园卫生保健工作规范》中有关托育机构消毒的知识。

2. 物品准备：奶瓶刷、小毛刷、奶瓶夹、锅、小盆、纱布、小毛巾。

3. 操作人员准备：清洗双手，用肥皂、流动水洗净双手，整理仪表，不戴戒指，不留长指甲，不披长发，不穿高跟鞋和拖鞋。

❷ 活动过程

1. 清洁。将奶瓶的所有组件包括奶瓶、瓶盖、奶嘴、套环全部拆开，逐一用刷子刷去残留的乳汁，然后用水冲洗干净。奶嘴洞、奶嘴内侧及奶瓶盖的沟纹处，宜用小刷子刷洗。

2. 消毒。将奶瓶放入消毒锅内煮 5 ~ 10 分钟，用纱布包住奶嘴及瓶盖煮 3 分钟。

3. 放置。消毒后，用夹子取出，放在干净的盘中沥干水分，将晾干后的奶嘴套在奶瓶盖上，放入专用小盆中，盖上小毛巾备用。

4. 整理。清洁整理所用物品，摆放整齐。

❸ 实训练习

2 ~ 4 人为一组开展实训操作，其中一人操作，其他同学观摩。操作者一边实操一边讲解操作要领，其他同学按照清洁与消毒奶瓶的评分标准给操作者打分。

▶▶ 活动 2：了解托育园日常清洁与消毒方法 〉〉〉〉〉〉

> **情境描述**
>
> 　　婴幼儿离园后，保教人员会开展打扫和消毒工作。主要的消毒场所及消毒物品包含教室、玩具、教具、桌椅、餐具、门窗、室外游戏设施、盥洗室、便器等。一天，璐璐老师发现保育老师在打扫地面的同时用拖把将桌子擦了一遍，璐璐老师马上上前制止并将事情告知了园长。保育老师受到了指责和批评，并承诺在以后的消毒和清洁过程中一定会细心，牢记不同的物品采用不同的消毒和清洁方法。

分析以上情境，以小组合作的形式回答问题并填写相关表格。

学习笔记

扫一扫

奶瓶的清洁与消毒

扫一扫

清洁与消毒奶瓶的评分标准

1.有哪些消毒法？这些消毒法的适用范围是什么？

2.请填写托育园日常清洁与消毒流程规范表（见表1-8-5）。

表1-8-5 托育园日常清洁与消毒流程规范表

对象	方法	流程

云测试

▶▶ 应用与实践

一、选择题

1.利用蒸汽的高温作用将致病微生物杀灭的消毒方法叫作（　）。

A. 紫外线消毒法　　　　B. 化学消毒法

C. 蒸汽消毒法　　　　D. 煮沸消毒法　　　　E. 巴氏消毒法

2.以下对照护婴幼儿学习、活动和卫生保健的描述不正确的是（　）。

A. 创设安全、舒适的学习环境

B. 提供真实多样的材料，培养婴幼儿多方面的感知能力

C. 注意婴幼儿学习活动的环境卫生

D. 以集体教学形式为主，注意培养婴幼儿的学习能力

E. 保证学习活动场所采光良好、通风

3. 一般情况下纸尿裤的更换时间应为（　　）。

A. 2～3 小时　　　　　B. 4～6 小时

C. 5～8 小时　　　　　D. 9～10 小时

4. 给婴幼儿便盆消毒常用的消毒剂是（　　）。

A. 次氯酸钠消毒液　　B. 碘伏

C. 酒精　　　　　　　D. 过氧乙酸　　　　　E. 环氧乙烷

5. 假如婴幼儿的尿量比平时的尿量（　　），小便发黄、颜色较深，婴幼儿可能是发烧了。

A. 增多　　　　　　　B. 减少

二、论述题

简述婴幼儿离园的流程，及不同环节对保教人员的要求。

婴幼儿生活照护

阅读手册

YINGYOU'ER
SHENGHUO ZHAOHU
YUEDU SHOUCE

北京师范大学出版集团
BEIJING NORMAL UNIVERSITY PUBLISHING GROUP
北京师范大学出版社

专题六　饮水活动照护

专题七 睡眠活动照护

专题八 离园活动照护

专题一
初识婴幼儿生活保育

学习目标

学习本专题，你将达成以下目标。

- 能说出什么是婴幼儿生活保育。
- 能清楚表达出婴幼儿生活保育的主要任务。
- 基本了解我国保育发展的历程。
- 能说出婴幼儿生活保育的目标。
- 知道婴幼儿生活保育的意义。
- 初步知道托育机构的一日生活。

关键词

保育：成人为婴幼儿的生存与发展提供必需的、良好的环境与条件，精心地照护和养育婴幼儿，以保护和促进婴幼儿的正常发育和良好发展。

托育园：专业人员为婴幼儿提供全日托、半日托、计时托等照护服务的机构。

保育员：在托幼园所、社会福利机构及其他保育机构中，从事婴幼儿生活照料、保健、自理能力培养和辅助教育工作的人员。

一日生活：托育机构应对婴幼儿一日生活中重要环节（如游戏、喂哺、进餐、活动、睡眠等各个生活环节）加以合理安排。

名 言

蒙台梭利："人生的头3年胜过以后发展的各个阶段，胜过3岁直到死亡的总和。"

　　婴幼儿时期是人类发展的最初阶段，是个体发展过程中生长发育最快的阶段，为个体的终身发展奠定了基础，对个体今后智力、情感、运动、社会交往等各方面都有着重要的影响。经验表明，为婴幼儿提供保健护理、充足的营养以及早期发展指导，能提高他们在未来的教育成就、健康水平，对他们获得更公平的经济与社会机会具有显著的促进作用。

学习笔记

近年来，随着经济社会发展，"三孩政策"的落地与持续推进，人们对 0～3 岁婴幼儿照护服务的需求日益迫切，社会对其照护服务的关注度也不断提升。党的二十大提出要在"幼有所育"方面持续用力。根据《国务院办公厅关于促进 3 岁以下婴幼儿照护服务发展的指导意见》要求，国家卫生健康委制定并发布了《托育机构保育指导大纲（试行）》，以指导托育机构为 3 岁以下婴幼儿提供科学、规范的照护服务。

一　婴幼儿生活保育的概念

刚出生的婴儿无法离开成人独自在社会中生存。即使是幼儿，其自我照料、自我保护的能力及意识、经验等也都比较缺乏，必须依赖于成人生存和生活。婴幼儿的这种依赖性，决定了成人要为他们提供必需的生活环境与条件，精心地照护与养育他们，这些是婴幼儿得以生存和健康成长的重要保证。

在我国，传统的保育主要是指对婴幼儿身体方面的养护和照顾。"保"，即保护，指给予身心尚未成熟的婴幼儿一定的保护，让婴幼儿能自由发展；"育"，即生育、养育、教育。保育，即父母或保育员为 0～6 岁婴幼儿提供生存与发展必需的环境和物质条件，精心照顾和培养他们，以促进他们的身心健康发育，包括对婴幼儿的身体保育和心理保育两个方面。

婴幼儿生活保育，是指对婴幼儿身体及其功能的保护、照顾与促进。既包括对婴幼儿的身体进行保护和照顾，使他们不受伤害，能正常发育，也包括采取各种保健手段与措施，以促进婴幼儿身体功能的发展和完善。

二　婴幼儿生活保育的主要任务

第一，提供良好的环境，包括良好的、符合安全与卫生要求的物质环境，以及良好的精神环境。

第二，合理地喂养和搭配饮食，包括引导婴幼儿有规律且定时、定量地进餐，少吃零食，并引导幼儿养成良好的饮食卫生习惯。

第三，清洁卫生，包括给婴幼儿换尿布、洗手、洗澡、刷牙等，教育他们养成良好的卫生习惯，注意保持生活环境的清洁卫生。

第四，有规律地生活，包括让婴幼儿的生活遵循固定的作息制度，使神经系统保持平衡，促进神经系统正常发育。

第五，锻炼婴幼儿的身体，包括保证婴幼儿每日的户外活动，充分利用日光、空气和水等自然因素，有计划地锻炼婴幼儿的身体。

第六，预防疾病和意外伤害。定期对婴幼儿进行生理和心理发育检查，以便及时发现隐患，尽早治疗。注射疫苗是预防疾病的重要手段之一。对意外的预防主要包括保证婴幼儿生活环境的安全性、对婴幼儿进行安全教育、避免婴幼儿独处等。

2021 年 1 月，国家卫生健康委发布《托育机构保育指导大纲（试行）》。该大纲适用于经有关部门登记、卫生健康部门备案，为婴幼儿提供全日托、半日托等照护服务的托育机构。提供计时托、临时托等照护服务的托育机构也可参照该大纲执行。该大纲明确了托育机构保育的核心要义。

扫一扫

托育机构保育应遵循以下基本原则：尊重儿童、安全健康、积极回应、科学规范。扫码看《托育机构保育指导大纲（试行）》。

三　我国保育工作的发展历程

1938 年，中国战时儿童保育会（简称"保育会"）成立。保育会是抗战时期成立的一个民间性质的以救济、教育受难儿童为宗旨的团体，是国共两党真诚合作的产物，是抗日战争时期中国妇女运动的杰出成果，旨在拯救在日寇铁蹄下亲人被害、无家可归的受难儿童，保护中华民族未来的接班人。保育会理事长是宋美龄，副理事长是李德全，常务理事有邓颖超、曹孟君等人。1937—1945 年，保育会在十分艰苦的条件下，先后建立了二十多个分会、六十多个保育院，拯救、培养、教育了近三万名受难儿童，为抗战做出了巨大贡献。抗战胜利后，保育会完成其历史使命，于 1946 年 9 月 15 日宣布停止活动。

1949 年后，我国 0～3 岁婴幼儿的保育和教育工作经历了混沌、区分、发展和蓬勃四个阶段。

（一）混沌阶段（1980 年以前）

1956 年，教育部、卫生部、内务部颁发《关于托儿所、幼儿园几个问题的联合通知》，指出将托儿所和幼儿园分开管理，卫生部门分管托儿所，教育部门分管幼儿园。这个阶段对 3 岁前托儿所的保育与教育没有具体的政策规范，3 岁前婴幼儿的发展问题实际处于学前工作中的边缘位置，还未引起重视。

（二）区分阶段（1980—1990 年）

1980 年 11 月，卫生部颁发《城市托儿所工作条例（试行草案）》，确定了我国托儿所制度，明确了托儿所的性质。1981 年 6 月，卫生部妇幼卫生局颁发《三岁前小儿教养大纲（草案）》，提出了托儿所教养工作的具体任务。1985 年 12 月，卫生部颁发《托儿所、幼儿园卫生保健制度》，对托育机构的卫生保健工作做出明确规定。这一阶段明确了城市托儿所的工作重点是保育。

学习笔记

（三）发展阶段（1990—2000年）

1994年颁布的《托儿所、幼儿园卫生保健管理办法》对托儿所的保健设备、人员及内容做出了明确规定。1996年，广州市实施了"广州市百名0～3岁儿童潜能开发项目"，并出台《广州市0～3岁婴幼儿社区保教服务方案》。1999年，上海市便开始探索0～6岁托幼一体化工作，并开展了0～3岁儿童早期关心和发展的研究。这一阶段，政府开始规范公立托儿所和民办托儿所的建设，重视托育机构的环境与保健工作，但对婴幼儿心理发展与教育还未足够重视。部分地区以教育部门为主管，以社区为依托，多力量合作，率先开展了托幼一体化的尝试。

（四）蓬勃阶段（2000年至今）

2001年印发的《幼儿园教育指导纲要（试行）》指出，幼儿园教育要与0～3岁儿童的保育教育以及小学教育相互衔接。《国家中长期教育改革和发展规划纲要（2010—2020年）》指出，要重视0至3岁婴幼儿教育。从2016年开始，政府在相关政策法规中多次提及发展托育。2019年，国务院办公厅印发了《关于促进3岁以下婴幼儿照护服务发展的指导意见》。随着政府对婴幼儿托育服务的重视，中国托育行业受到重点关注，更多家长表示会考虑将孩子送到托育机构。为进一步加强托育机构专业化、规范化建设，国家卫生健康委先后发布了《托育机构设置标准（试行）》《托育机构管理规范（试行）》《托育机构保育指导大纲（试行）》《托育机构婴幼儿伤害预防指南（试行）》。这一阶段，政府高度重视0～3岁婴幼儿的早期发展，不仅重视婴幼儿的生存、保健、营养，还重视婴幼儿的心理发展与教育：从对婴幼儿生命存续的关注提升至对生命质量的关注；能够用生态、系统的眼光看待婴幼儿的发展，关注0～3岁婴幼儿微观系统的质量提升，重视家庭教育指导工作；认识到0～3岁婴幼儿早期发展已逐渐成为社会公共问题；党的二十大更是将"幼有所育"作为保障和改善民生工作的重要内容之一。

四　婴幼儿生活保育的目标

保育工作应当遵循婴幼儿发展的年龄特点与个体差异，通过多种途径促进婴幼儿身体发育和心理发展。生活保育的具体目标如下。

第一，获得安全、营养的食物，获得充足睡眠，达到正常生长发育水平。

第二，学习盥洗、如厕、穿脱衣服等生活技能，逐步养成良好的生活卫生习惯。

第三，养成良好的饮食习惯，养成自主入睡、作息规律等良好的睡眠习惯。

五 婴幼儿生活保育的意义

（一）保障婴幼儿健康成长

托育园婴幼儿的生活活动包括来园、盥洗、如厕、进餐、饮水、睡眠、离园等，贯穿婴幼儿在园生活的始终。良好的生活保育，能使婴幼儿得到很好的照料，满足婴幼儿日常的生活需求，同时，科学的保育措施能为婴幼儿的身心健康成长提供强有力的保障。

（二）提高婴幼儿的生活技能

婴幼儿的生活技能是逐步发展和形成的，保育员应该对不同年龄段的婴幼儿有不同的要求。1 岁以内的婴儿的生活活动几乎全要依靠保育员；1～2 岁的幼儿可以配合保育员进行生活活动；对于 2～3 岁的幼儿，保育员可以逐步培养他们的生活自理能力。

（三）养成婴幼儿良好的生活卫生习惯

婴幼儿的可塑性大，0～3 岁正是良好行为习惯形成的敏感时期。婴幼儿吮手指、挖鼻孔、餐后不漱口等不良生活卫生习惯较常见。婴幼儿就像一棵幼苗，只有在开始阶段就细心培育，才能保证他们健康、正常地成长。生活保育在照护婴幼儿的同时，也在潜移默化地培养婴幼儿的良好的生活习惯。

六 托育机构的一日生活

（一）托育机构的一日生活简介

托育机构的一日生活是指根据婴幼儿身心发展的特点，对他们在托育机构内一日生活的每个环节在内容、时间、顺序、次数和间隔时间上做的安排（见表 2-1-1）。

表 2-1-1　托育机构一日生活举例（夏季）

0～1岁日托班		1～2岁日托班		2～3岁日托班	
时间	内容	时间	内容	时间	内容
7:30—9:00	入园	7:30—8:30	入园	7:30—8:30	入园
9:00—10:00	户外活动、日光浴、亲子活动	8:30—9:00	户外活动、日光浴、亲子活动	8:30—9:00	户外活动
10:00—11:00	更换尿不湿，睡眠 1 小时	9:00—9:30	如厕（更换尿不湿）	9:00—9:10	如厕、洗手

续表

0～1岁日托班		1～2岁日托班		2～3岁日托班	
时间	内容	时间	内容	时间	内容
11:00—11:30	喂奶或喂辅食	9:30—10:00	上午点心	9:10—9:30	上午点心
11:30—13:00	户外活动、亲子游戏、地毯时间	10:00—11:00	上午睡眠	9:30—10:30	上课、兴趣活动、游戏
				10:30—11:00	餐前管理
13:00—13:30	喂奶或喂辅食	11:30—12:00	午餐	11:00—11:40	餐时管理，幼儿进餐时间为20～30分钟
		12:30—13:30	餐后亲子活动、游戏	11:40—12:00	餐后散步10～15分钟
13:30—14:30	更换尿不湿	13:30—14:00	如厕（更换尿不湿）	12:00—12:20	如厕、睡前准备
				12:20—14:20	午睡2小时
14:30—15:30	下午睡眠	14:00—15:00	下午睡眠	14:30—14:45	起床、穿衣
				14:45—15:00	如厕、洗手
		15:00—15:30	下午点心	15:00—15:30	下午点心
15:30—16:00	离园	15:30—16:00	离园	15:30—16:00	离园

（二）合理的一日生活的意义

1.促进婴幼儿养成良好的习惯

生活中的一系列活动，按一定时间和顺序重复多次后，就可在大脑皮层形成动力定型，人会因此养成习惯。年龄越小，动力定型就越容易形成。只有让婴幼儿按一定规律和要求有条不紊地完成每天应该做的事情，将婴幼儿一日生活中的主要内容，如游戏、喂哺、进餐、活动、睡眠等各个生活环节加以合理安排，并相对固定下来，才能使婴幼儿养成习惯，每到一定时间，大脑就知道下面该做什么，并提前做好准备。

2.保证婴幼儿劳逸结合

婴幼儿时期大脑皮质功能发育不够成熟，神经的兴奋与抑制活动不平衡，对长期的刺激耐受力小，注意力很难持久，易兴奋，也易疲劳。因此，需要合理安排作息，经常变换活动的内容和方式，使大脑皮质的"工作区"与"休息区"轮换，达到劳逸结合的目的。

3. 保证婴幼儿的睡眠

婴幼儿的神经系统尚未发育成熟，容易疲劳，需要较长的睡眠时间进行休整，合理安排作息，可使他们的睡眠时间有保证。

4. 保证婴幼儿的营养

婴幼儿的消化系统尚未发育成熟，消化能力弱，但婴幼儿生长发育迅速，对能量和各种营养素的需求量相对较多，安排合理的进餐次数和间隔时间，可使他们获得足够的营养。

5. 便于教师、保育员做好工作

托育机构是集体生活的场所，婴幼儿人数多，年龄又不一样，合理的生活制度是教师、保育员对不同年龄的婴幼儿进行不同教育和护理的工作依据，利于托育机构各项工作有计划、有步骤地进行，也是提高保教质量的基本保障。

（三）安排一日生活

1. 依据婴幼儿的年龄特点

婴幼儿正处于生长发育时期，各器官的功能还处于不断完善阶段，而且不同年龄段的婴幼儿在发育上也存在较大的差异。因此，应根据他们的年龄特点科学地安排一日生活和作息时间。如年龄越小，安排的睡眠时间就越长、喂哺的次数就越多等。

2. 依据《托育机构管理规范（试行）》

国家卫生健康委于 2019 年发布了《托育机构管理规范（试行）》，对于一日生活提出了具体的管理要求，主要包括以下内容。

第一，托育机构应当科学合理安排婴幼儿的生活，做好饮食、饮水、喂奶、如厕、盥洗、清洁、睡眠、穿脱衣服、游戏活动等服务。

第二，托育机构应当顺应喂养，科学制订食谱，保证婴幼儿膳食平衡。有特殊喂养需求的，婴幼儿监护人应当提供书面说明。

第三，托育机构应当保证婴幼儿每日户外活动不少于 2 小时，在寒冷、炎热季节或特殊天气情况下可酌情调整。

第四，托育机构应当以游戏为主要活动形式，促进婴幼儿在身体发育、动作、语言、认知、情感与社会性等方面的全面发展。

第五，游戏活动应当重视婴幼儿的情感变化，注重与婴幼儿面对面、一对一地交流互动，动静交替，合理搭配多种游戏类型。

第六，托育机构应当提供适宜刺激，丰富婴幼儿的直接经验，支持婴幼儿主动探索、操作体验、互动交流和表达表现，发挥婴幼儿的自主性，保护婴幼儿的好奇心。

第七，托育机构应当建立照护服务日常记录和反馈制度，定期与婴幼儿的监护人沟通婴幼儿的发展情况。

3. 依据季节变化和地区特点

夏季早晚凉爽、中午炎热，可适当加长午睡时间；冬季昼短夜长、早晚气温低、日照时间短，可适当缩短午睡时间，早晨起床时间推迟一些，晚上上床时间提前些，充分利用阳光充足的时间进行户外活动。同时还应考虑地区的差异，如南北方气温相差很大，作息时间也应有所不同。

4. 依据家长工作时间的需要

托育机构有服务家长的责任，既要促进婴幼儿的身心发展，又要解决家长的后顾之忧。因此，在制订一日生活制度时，也应适当考虑家长的需要，与家长上下班时间相适应，方便家长接送婴幼儿，使婴幼儿在家庭的生活和在托育机构的生活相衔接。

（四）执行一日生活的注意事项

1. 稳定性与灵活性相协调

托育机构生活制度一旦制订，就应严格执行，不轻易改变。只有让生活秩序保持一定的稳定性，持之以恒，才能在大脑皮层形成稳固的动力定型。需要注意的是，在执行过程中也要有相对的灵活性。例如，可以弹性安排起床时间，起床快的婴幼儿可以早些入座喝水，起床慢的婴幼儿可以按照常规要求来完成活动。稳定性与灵活性相协调体现出了"统而不死、活而有序"的原则，能保证每个婴幼儿都能愉快、健康地发展。

2. 生活与教育相结合

融教育于一日生活中已成为早期教育的显著特点。婴幼儿以自己的生活为主要学习对象，又以自己的生活为主要学习途径，并以更好地适应生活为学习目的。托育机构应密切结合一日生活的各个环节，通过生活来进行教育。例如，在一日生活中的就餐环节，保教人员不仅要合理安排餐点，帮助婴幼儿养成定点、定时、定量进餐的习惯，还要帮助婴幼儿掌握就餐技能，了解食物的营养价值。

3. 家庭与机构相统一

新入园的婴幼儿对新环境不太适应，午睡时常常不能很快入睡或者会较早地醒来。保教人员除了要做好婴幼儿午睡时的保育工作外，还要及时与婴幼儿的家长取得联系，告知家长婴幼儿午睡时的情况，并建议家长适当调整婴幼儿在家的作息时间，相互配合，共同保证婴幼儿健康成长。

（五）托育机构一日生活保育的主要内容

保育是托育机构工作不可缺少的组成部分。0～3岁婴幼儿发育不完善，需要保教人员给予更精细的保育护理，这是托育机构一项重要的工作。托育机构一日生活的环节主要包括晨间清洁卫生、晨间接待、晨间活动、进餐、盥洗、如厕、睡眠、离园等，以一定的时间和程序相对固定下来，每个环节都有相应的保育要求（见表2-1-2）。

表2-1-2　某托育机构一日生活保育的流程及人员分工（托班）

作息安排	关注要点	人员及分工		空间安排
7:30—9:00 来园、自由活动	1. 幼儿来园前准备工作是否做得充分、全面 2. 来园接待工作是否做得到位	早班老师	1. 开窗通风，做好幼儿来园前的准备（毛巾、茶杯、饮用水） 2. 接待家长及幼儿，要礼貌热情，严格执行接送卡制度 3. 查看来园幼儿的穿着是否适宜、安全 4. 提供玩具和自由游戏材料，与幼儿聊天、游戏	教室、盥洗室
		晚班老师	1. 配合早班老师一起参与自由活动，与幼儿互动 2. 关注每名幼儿的情况，特别是有如厕、喝水等需要的幼儿 3. 查看幼儿的洗手情况，指导幼儿正确洗手	
		保育员	1. 对换衣间及教室（柜面、桌面、操作盘、钢琴面、盥洗台、门把手、窗台及幼儿能触及的地方）进行预防性消毒 2. 协助个别幼儿如厕，并在如厕后检查幼儿的衣物是否整洁 3. 在用点心的时间为幼儿倒牛奶，准备饼干，提醒幼儿将牛奶杯和小碟子放回原处	
9:00—9:30 分段式户外活动第一段	1. 积极投入运动，带领幼儿快乐运动 2. 运动后带领幼儿一起整理游戏器具 3. 带领幼儿学着自己擦汗、穿脱衣、休息	早班老师	1. 全面组织班级户外活动，有目的地引导幼儿进行活动，促进幼儿动作发展 2. 领操时精神饱满，动作正确、到位 3. 运动结束后分组带领第一批幼儿进入教室	草地、操场
		晚班老师	1. 协助搬运运动器材和搭建运动场地 2. 精神饱满，积极投入活动，关注幼儿的运动状况，及时根据情况进行动静交替和运动量的调整 3. 运动结束后分组带领第二批幼儿进入教室	
		保育员	1. 协助搬运运动器材和搭建运动场地 2. 活动中观察幼儿的反应，提醒幼儿擦汗、脱衣、休息 3. 运动结束后整理场地和材料	

续表

作息安排	关注要点	人员及分工		空间安排
9:30—10:20 在活动区游戏	1. 满足幼儿的自然需求，观察幼儿的游戏情况 2. 引导幼儿一起学着整理玩具	早班老师	1. 提醒第一批幼儿用正确方法洗手，给予自理能力弱的幼儿适当帮助 2. 全面观察幼儿的游戏情况，在适宜时机与幼儿进行有效互动，可插入小集体活动	教室、盥洗室
		晚班老师	1. 提醒第二批幼儿用正确方法洗手，给予自理能力弱的幼儿适当帮助 2. 配合早班老师一起观察幼儿的游戏情况，在适宜的时机与幼儿进行有效互动	
		保育员	1. 为幼儿倒水，鼓励幼儿多喝水，并提醒幼儿将杯子放回杯架 2. 协助老师一起观察幼儿的游戏情况，并关注个别需要帮助的幼儿	
10:20—10:40 分段式户外活动第二段	提供适合托班年龄的游戏材料，让幼儿自由游戏、发展动作	早班老师	1. 带领幼儿一起做操，精神饱满，动作正确、到位 2. 组织一些户外游戏活动，让幼儿自由选择	户外
		晚班老师	1. 协助早班老师一起与幼儿游戏 2. 观察并护理好一些特殊的幼儿，如肥胖的、身体不适的幼儿	
		保育员	整理玩具，整理教室，清洁地面	教室
10:40—11:00 自由活动	1. 指导幼儿学习正确洗手，引导幼儿掌握如厕等生活技能 2. 和幼儿互动、情感交流	早班老师	1. 为幼儿创设环境，提供玩具和自由游戏的材料 2. 与幼儿一起玩，与幼儿聊天	教室
		晚班老师	1. 协助早班老师，鼓励、引导个别幼儿积极参与活动 2. 与幼儿一起玩，与幼儿聊天	
		保育员	1. 提醒幼儿如厕、洗手、喝水 2. 给午餐桌子消毒，做好开饭准备	
11:00—12:00 午餐、自由活动	1. 鼓励幼儿自己吃饭，不挑食 2. 提醒幼儿进餐完毕后自己摆放饭碗、小勺 3. 及时提醒幼儿漱口、擦脸	早班老师	1. 创设愉快、和谐的进餐气氛 2. 鼓励幼儿自己吃午餐，帮助能力较弱的幼儿	教室、户外
		晚班老师	1. 配合早班老师一起照顾幼儿吃午餐 2. 组织好饭后自由活动	
		保育员	1. 照护进食慢和体弱的幼儿 2. 提醒幼儿用正确的方法漱口、擦脸 3. 午餐结束马上清洁桌面、地面，整理卧室，为幼儿搬床、铺床	

续表

作息安排	关注要点	人员及分工		空间安排
12:00—14:30 午睡	1. 睡前如厕，照护幼儿安静入睡 2. 帮助幼儿学着穿脱鞋子，试着穿脱裤子	早班老师	护理幼儿睡前如厕及脱衣裤	教室
		晚班老师	协助早班老师一起帮助幼儿脱衣服，并帮助幼儿整理脱下的衣物	
		保育员	1. 午睡时及时巡视幼儿的情况（面色、睡姿、室内通风、杯子、保温等），关注病孩 2. 帮助起床的幼儿穿戴整齐 3. 起床前消毒桌面、准备好点心	
14:30—15:00 自由活动、离园	1. 鼓励幼儿自己独立洗手、吃点心 2. 吃完点心后提醒幼儿将碗、勺放到指定地方	早班老师	1. 协助晚班老师一起照顾幼儿吃点心 2. 组织吃完点心的幼儿自由活动	教室
		晚班老师	1. 协助保育员护理幼儿如厕、洗手 2. 照护幼儿吃点心，鼓励他们自己吃 3. 整理幼儿的仪表 4. 幼儿全部被接走后，做好明天活动的准备工作	
		保育员	1. 提醒幼儿起床后如厕、洗手 2. 照护幼儿吃点心，整理幼儿床铺 3. 幼儿全部被接走后，整理清洁教室	

学习反思

_____

_____

_____

_____

_____

_____

_____

_____

_____

_____

学习笔记

专题二
来园活动
照护

学习目标

学习本专题，你将达成以下目标。

🌱 能理解来园保育的保教价值。

🌱 能做好婴幼儿来园前的准备工作。

🌱 知道来园活动存在的安全隐患。

🌱 能防范来园活动中的安全问题。

🌱 知道来园接待的内容。

🌱 能安抚来园婴幼儿的不良情绪。

🌱 会晨间检查。

🌱 会接待带药的婴幼儿。

关 键 词

来园准备：婴幼儿来园前，保教人员的工作准备包括婴幼儿活动环境准备、生活物品及活动材料准备等。

来园接待：保教人员亲切地与婴幼儿和家长打招呼，能让婴幼儿产生安全感，让家长产生信赖感，为愉快的一日生活打下基础。

好的开端是成功的一半。来园保育工作的质量不仅会影响婴幼儿一日生活的质量，还会影响家长一天工作的心情。因此，保教人员的来园保育工作特别重要。不同年龄阶段的婴幼儿在入园环节表现出的需求和状态各不相同，因而对他们的保育要求也不尽相同，这就需要保教人员根据婴幼儿身心发展的特点与成长规律，紧紧围绕来园保育目标，为婴幼儿营造安全、卫生、温馨、舒适、丰富、有趣的入园环境，促进他们的身心及能力等方面的发展，使来园环节真正成为婴幼儿一天美好生活的开始。

一　来园保育的保教价值

托育机构保育是婴幼儿照护服务的重要组成部分，是生命全周期服务管理的重要内容。托育机构应创设适宜的环境，合理安排一日生活和活动，提供生活照料、安全看护、平衡膳食和早期学习机会，从而促进婴幼儿身体和心理的全面发展。

来园环节是婴幼儿在托育机构一日生活保育中的第一个环节。安全、卫生、温馨、舒适的环境对婴幼儿来说是一天愉快生活的基础。保教人员上岗前的个人准备、室内外环境的清洁整理、设施设备的检查、生活物品的准备、教玩具的提供及摆放等，都是来园环节的重要组成部分。来园环节还是建立师生感情、培养婴幼儿的习惯、提高婴幼儿的综合生活能力、开展个性化教育的重要契机。保教人员抓住来园时机与家长交流，能建立起良好的家园沟通平台，实现家园共育。由此可见，来园环节涉及很多工作内容，蕴含了很多的保教价值，在婴幼儿的一日生活中起到关键作用，是不可忽视的。

二　婴幼儿来园前的准备工作

（一）保教人员上岗前的个人准备工作

① 提前10分钟到达工作岗位，更换舒适且便于运动的工作服。

② 整理仪表。不戴戒指，不留长指甲，不披长发，不穿裙子、高跟鞋和拖鞋。

③ 用流动水和肥皂洗净双手。

④ 保持饱满的精神状态。时刻保持着正面、积极的情绪，用爱和快乐的情绪去感染婴幼儿。

（二）有关环境的准备工作

1.开窗通风

① 最常用的净化空气的方法就是开窗通风。开窗能使室内空气迅速流通，保证室内空气质量。但遇雾霾天则不建议开窗，在有条件的情况下可开启室内空气净化器，待天气转好后再开窗通风。

② 根据不同季节，调整开窗通风的时间和频次。在一般情况下，盥洗室要始终开窗通风。

③ 使用空调时，窗户要留缝。当室温低于10 ℃时，要让空调制热；当室温高于26 ℃时，要让空调制冷。

2. 清洁与消毒

① 室内外地面清扫。按照由里向外的顺序进行湿性清扫，以免扬灰。包干区域也要保持清洁，不留死角。

② 室内物品预防性消毒。按照从上至下的顺序，使用 250 mg/L 浓度的含氯消毒液擦拭婴幼儿所能触及的物品，如教室内外门把手、窗台、窗框、柜面、桌椅、水杯架等。待所有物品表面的消毒液作用 20 分钟后，去除消毒残留，做到无浮灰、无水渍。

③ 盥洗室无异味，马桶无便渍，镜面无水渍，地面和台面保持干燥。

④ 清洁工具使用后，需清洗、消毒并晾晒，定点安放，有标识。

（三）安全检查

① 教室内的检查。活动室各区域和卧室空间布局合理，避免摆放过多的家具，玩具橱尽量靠墙摆放，避免上层物品过重而倾倒。要留给婴幼儿足够的活动空间，保证婴幼儿游戏、学习和生活安全且有序地开展。婴幼儿使用的教具、玩具及其他物品要符合安全要求。家具要牢固、无尖角和裂缝。如存在任何的安全隐患都要及时排除。

② 危险物品的存放。剪刀、回形针、美工刀、拖线板等危险物品需存放在安全、固定的位置；保教人员的保温杯、玻璃杯要放在婴幼儿触及不到的固定橱柜中；消毒用品、杀虫剂、洗涤剂等要上锁，由专人保管。

③ 户外活动场地检查。婴幼儿的活动场地要平坦、无碎石。大型运动器械要无尖锐突出处、无表面破损、无零件松动、无架构脱落。

（四）准备饮用水

① 清洗水桶。将沸水灌入水桶，盖上桶盖后震荡，使沸水充分接触水桶内壁，沸水经水龙头流出，再用沸水冲淋水桶外部。

② 准备足量的饮用水。水温适中，以滴在成人手背上不烫为宜。

③ 准备好饮用水的水桶必须上锁。

（五）准备物品及材料

① 生活物品：保证每个婴幼儿有专用的擦脸巾、擦汗巾、擦手巾、水杯、洗手液或肥皂、卫生纸、纸尿裤等。

② 根据每日教学工作计划，布置游戏区域，投放各类材料，准备各类玩具、书籍，合理地摆放户外活动场地的器械等。

③ 所有物品应按指定的归纳位置分类摆放，做到整洁、美观。

（六）沟通协作

与班组的保教人员简单沟通当天的工作内容，保证婴幼儿一日生活有序进行。

三 来园活动存在的安全隐患

① 入园时，低龄婴幼儿的家长经常有很多琐事要告知与交接，托育机构的保教人员忙于接待，容易疏忽徘徊在门口的婴幼儿，导致婴幼儿自行离开，易发生意外或走失。

② 来园活动区域安排不当，空间布局拥挤，容易造成婴幼儿碰撞或跌倒。

③ 在来园活动中，为婴幼儿投放的玩具过少，容易引起婴幼儿的争抢矛盾。

④ 婴幼儿入园洗手、如厕后，地面的水渍未及时清理，容易致使滑倒受伤。

⑤ 保教人员的管理不到位，没有关注到躲在角落里的婴幼儿，当意外发生时，不能及时采取有效措施。

四 防范来园活动中的安全问题

在婴幼儿来园前时，我们对环境和物品进行了安全检查，以排除隐患。在婴幼儿来园时，又要注意哪些安全问题？遇到问题该如何解决呢？

（一）采取三位一体的站位

随着婴幼儿陆续来园，家长聚集在班级门外，班级中人数增多，婴幼儿会分散在教室的各个活动区域中进行游戏。由于意外的发生往往是一瞬间的，因此，班级中的保教人员需要互相配合，分别站在教室、盥洗室和活动室门口，全方位、无死角地观察每一名婴幼儿。

（二）避免婴幼儿奔跑与攀爬

婴幼儿活泼好动，而身体协调能力差，对危险缺乏认知，自我保护能力还未完善。有时，婴幼儿来园时看到同伴容易兴奋，易在教室有限的空间内奔跑、打闹，应谨防碰撞与意外的发生。不要将椅子等可登高的物体放在窗台下，避免婴幼儿攀爬，防止婴幼儿从高处跌落。

（三）婴幼儿入园就洗手

在指导和帮助婴幼儿正确洗手的同时，要注意婴幼儿是否弄湿衣裤，是否有水溅到地面上。如果有水渍需及时清理，要始终保持地面干燥，避免滑倒摔伤。

（四）及时清点婴幼儿人数

来园活动结束后，保教人员要认真清点婴幼儿的人数，对于未到园的婴幼儿，要及时联系家长了解原因，并做好出勤记录。

五　来园接待的内容

①营造温馨、舒适、轻松的环境，迎接婴幼儿的到来。

②热情接待每一位家长和每一名婴幼儿，对婴幼儿亲切问好。

③与家长进行简短的交谈，了解婴幼儿在家的情况，仔细倾听家长的嘱咐和要求。

④接收家长带来的婴幼儿物品。

⑤引导婴幼儿与同伴问好，与家长说再见。

⑥引导婴幼儿愉快地加入班级活动。

六　安抚来园婴幼儿的不良情绪

刚入园的婴幼儿普遍会出现哭闹和不愿入园的情况，表现多为亲子分离焦虑。婴幼儿在假期结束后或者病愈后返园，也容易产生不良情绪。婴幼儿对熟悉的环境和朝夕相处的亲人有很强的依赖性，一旦进入园所就意味着要与最亲的父母、最爱的家人、最熟悉的环境有短暂的分离，经受情感依恋的考验，这会导致情绪焦虑和情绪爆发。因此，安抚婴幼儿的情绪是来园活动中非常重要的一项工作，可以采取以下措施缓解入园的焦虑情绪。

①根据不同年龄段婴幼儿的特点创设温馨、舒适的教室环境，年龄较小的婴幼儿班级应尽可能营造家庭的氛围，让婴幼儿产生安全感。

②婴幼儿有强烈的好奇心和探索欲，在环境中放置一些有吸引力的小玩具或婴幼儿容易感兴趣的事物，让婴幼儿参与游戏，有愉快的体验，从而转移婴幼儿的注意力、缓解焦虑情绪。

③保教人员可用轻柔的身体动作、亲切的安抚语言，稳定婴幼儿的焦虑情绪，让婴幼儿感受到自己是受关爱与呵护的，进而慢慢放松。

④要善于观察婴幼儿的各种反应，及时给予回应和安慰，让婴幼儿产生信任感。

⑤与家长进行交流，了解婴幼儿的习性，并请家长一同配合做好来园的情绪安抚工作。例如，家长可在家帮助婴幼儿树立入园是一件开心的事的意识。家长也要理性对待婴幼儿入托一事，多给婴幼儿一些鼓励。有的家长对自己的

宝宝也有依恋情感，会担心和不舍，甚至与婴幼儿一起流泪，反而容易将自己的情绪传递给婴幼儿，这对婴幼儿适应托育机构的生活是非常不利的。保教人员应引导家长将婴幼儿送到托育机构后微笑着与宝宝道别，不宜停留过久。

七 有效开展来园接待工作的方法

（一）建立良好的师幼关系

在托育机构里，婴幼儿对保教人员的情感依赖是家庭亲子情感的转移。保教人员对婴幼儿的态度与行为，会直接影响婴幼儿的心理。每天来园时，保教人员可通过温柔的表情、亲切的语言和轻柔的肢体动作，带给婴幼儿良好的情感体验，这有利于帮助婴幼儿消除紧张情绪，产生安全感和信赖感。例如，微笑、点头、拥抱、抚摸、亲切问候等和蔼可亲的表现方式都能使婴幼儿感受到被关怀和被爱，从而得到情感上的满足。

（二）建立信任的家园关系

来园时，保教人员可以与家长进行简短、有效的交流，了解婴幼儿在家的情况，了解婴幼儿的健康情况，以便于更好地开展婴幼儿一日生活的照料。同时，保教人员应有针对性地回应，展现出正确的教育理念和专业性，让家长增加对保教人员的信任感，拉近家园情感距离，增强家园衔接的有效性，以达到家园共育的最佳效果。

八 晨间检查的必要性

婴幼儿自身免疫系统发育未完善，对各种疾病的抵抗力较差。入园前，原本单一、封闭的家庭养育模式使得婴幼儿与外界接触少，受细菌、病毒侵入的概率低。而进入托育机构后，婴幼儿相对聚集，如有一个婴幼儿患病，就很容易造成疾病传播，特别是传染病的发生和扩散。因此，及时发现和隔离，做到早发现、早报告、早隔离、早治疗，能确保每个幼儿的健康。认真执行晨间检查制度，是预防婴幼儿疾病的一个重要措施，是保证婴幼儿安全入园的重要途径，是托育机构日常工作的重要内容。

九 开展晨间检查

（一）晨间检查用品的准备

保教人员应准备消毒过的体温计（或体温测量仪器）和压舌板，装有电池的手电筒，外用药（如酒精、碘伏、烫伤膏），敷料（如纱布、棉球、棉签、创可贴），消毒过的晨检牌，用于记录晨检时发现的异常全日观察记录本，婴幼儿服药记录本。

（二）晨间检查工作的具体步骤

一问：询问家长婴幼儿在家的情况（饮食、睡眠、大小便等），从而了解婴幼儿的健康状况。

二看：看婴幼儿的面色、精神状态、五官、咽喉、裸露在外的皮肤等有无异常，看是否有某些传染病的早期症状。

三摸：用手触摸婴幼儿的额头，初步辨别有无发热现象。给疑似发热的婴幼儿测量体温。触摸婴幼儿的淋巴结、腮腺，辨别有无肿大情况。

四查：根据传染病流行季节，检查相应部位。查看婴幼儿双手和指甲是否干净卫生，衣着是否整洁且便于活动（建议根据天气、季节穿着合适的衣物，不穿露趾凉鞋、拖鞋，不穿抽绳连帽衫、紧身低腰裤，不佩戴玉器、项链、手链等）。检查婴幼儿有无携带尖锐的、过小的、有危险性的物品（有尖角的玩具、小珠子、坚果、果冻等）。如发现婴幼儿携带不适宜入园的物品和食品，应交由家长带回。

五登记：在晨检过程中发现的异常情况要进行及时、翔实的记录，并在一日观察记录本中重点记录特殊婴幼儿的健康状况。若发现婴幼儿发热，应向家长了解婴幼儿发热的原因、有无到医院就诊。如果没有就诊，应说服家长带婴幼儿到医院就诊或回家休息。若发现婴幼儿有传染病的可疑症状，要告知家长立即带婴幼儿去医院排查诊治，并及时反馈就诊情况，如确诊为传染病，要启动传染病预案，请该病儿在家进行观察隔离，待痊愈且隔离期满后方可返园。

（三）晨间检查牌的作用

经过晨间检查，根据婴幼儿的状况，分别发放不同颜色的晨间检查牌，用来帮助保教人员识别每一名婴幼儿的健康状况，了解是否需要用药、是否需要加强照顾等。

一般来说，晨间检查牌分三种颜色：绿色牌子表示婴幼儿一切正常，黄色牌子表示婴幼儿今天需要特别关注，红色牌子表示婴幼儿需要用药。也有托育机构会增加不同颜色的晨检牌，用来细分更多情况，如呼吸道疾病、肠胃不适、外伤等。

十 接待带药的婴幼儿

进入托育机构的婴幼儿经常会因为自身抵抗力差、环境改变、季节变化、情绪影响等因素出现病症，家长通常会及时带婴幼儿去医院就诊。在排除传染病疾病和器质性疾病后，保教人员还是会鼓励家长坚持送婴幼儿入园。因为长时间在家休养会使较小年龄的婴幼儿产生不愿意上托育机构的情绪，造成适应期延长，不利于婴幼儿的健康成长。

对于需要在托育机构服用药物的婴幼儿，保教人员要让家长出具医生的疾病诊断证明和开药证明，并复印留存。任何人不得接收家长私自带来的任何药物或保健品。

请家长填好"喂药委托及服药记录表"，签字后方可给婴幼儿用药。"喂药委托及服药记录表"的内容包括：当天日期、用药者姓名、所在班级、用药者的疾病症状、药品名称、使用方法及剂量、给药时间、家长签名。除此之外，给药的保教人员应实际填写婴幼儿服药后有无不良反应并签名。

收纳管理婴幼儿药物时，必须根据"喂药委托及服药记录表"上的内容进行核对，并在药物标签上标注用药婴幼儿的姓名。给药时要仔细核对，确保婴幼儿用药的准确性和安全性。

学习反思

专题三

盥洗活动照护

学习目标

学习本专题，你将达成以下目标。

- 🌱 能说出洗手的重要性。
- 🌱 知道洗手的时机。
- 🌱 能组织、指导婴幼儿洗手。
- 🌱 能根据婴幼儿眼、耳、鼻、口腔和皮肤的特点实施清洁。
- 🌱 能对不同性别的婴幼儿进行清洁。
- 🌱 能引导婴幼儿养成良好的盥洗习惯。

关 键 词

盥洗：通常指洗手或洗脸。在本教材中，盥洗针对的是婴幼儿的皮肤清洁、五官清洁和口腔清洁。

在托育机构中，能帮助保教人员做到预防疾病感染和防止病菌传播的最重要的事情是洗手。洗手有助于阻断病原体传播，减少疾病的发生率。保教人员自身养成勤洗手的习惯，同时帮助或教会婴幼儿在适当的时间正确地洗手，是防止病菌传播的重要方式。此外，保教人员还需要采取正确的方式给婴幼儿实施其他部位的清洁，做好清洁护理工作，预防疾病发生。

一 洗手的重要性

关于洗手的故事

　　这个故事发生在大约 170 年前的奥地利总医院。这个医院的各个科室的医疗水平都是全世界顶尖的，可是医院的产科却很糟糕，产妇因为产后感染死亡的概率竟然高达 18%，死亡率比在家生产的还高！没人知道原因是什么，因为那时候还没有细菌的概念，医生不穿白大褂，没有口罩，甚至不洗手。

　　产科主任塞麦尔维斯因此承担了巨大的压力。看着一个个家庭的女主人，在那么年轻的时候就死去，他内心极度煎熬。经过了细致、严苛的梳理，他认为可能是刚刚做完解剖手术就去接生，尸体上的某些物质传递到了产妇身上，于是他要求接生之前用漂白粉洗手，这项简单的措施使产妇的死亡率降低至 1%。

　　铁的事实告诉了塞麦尔维斯洗手的重要性，于是他广泛宣传并督促他的同行洗手，他成了医学史上传播洗手重要性的第一人。洗手是控制感染的开始，是人类卫生史上的一个里程碑。

（一）婴幼儿洗手可以有效降低感染风险

　　婴幼儿的免疫系统不成熟、不完善，容易受到各种不良因素的影响，成为被感染的高危人群。洗手是预防疾病最简便有效的措施之一。婴幼儿在生活中，手不断接触到被病毒、细菌污染的物品，如果不能及时正确洗手，手上的病原体可能通过手和口、眼、鼻的黏膜接触进入人体。洗手可以简单有效地切断这一途径，降低感染风险。

（二）保教人员洗手可以有效减少交叉感染

　　保教人员需要频繁接触婴幼儿，如果自身不注意手的卫生，就会将手上携带的病菌传播给婴幼儿，造成交叉感染。

二 洗手的时机

　　婴幼儿在如厕后、吃东西前、接触宠物后、外出归来后 (去户外活动或外出游玩回来)、咳嗽后、打喷嚏后、擦鼻涕后、接触脏东西后都需要洗手。

　　保育员在上完厕所后，给婴儿换尿不湿前后，给幼儿擦屁股后，给婴幼儿 (或自己) 擦鼻涕后，打扫及处理脏东西后，给药前后，每次准备餐点前，喂婴幼儿吃东西或喝奶前，给婴幼儿做清洁、抚触、被动操等护理工作前后也都需要洗手。

学习笔记

三　组织和指导婴幼儿洗手

（一）做好洗手前的准备

盥洗室的地面要保持清洁干爽，防止婴幼儿滑倒。要在水池的地面铺上渗水地垫，如果水池的高度超过婴幼儿的肘关节，应将水池前的地面垫高，防止洗手时水灌入婴幼儿的袖管。准备若干肥皂（与水龙头的数量相同），为每一名婴幼儿准备一条小方毛巾，并挂在固定的地方。

（二）指导婴幼儿洗手的流程

保教人员可按照图 2-3-1 所示的流程指导婴幼儿洗手。

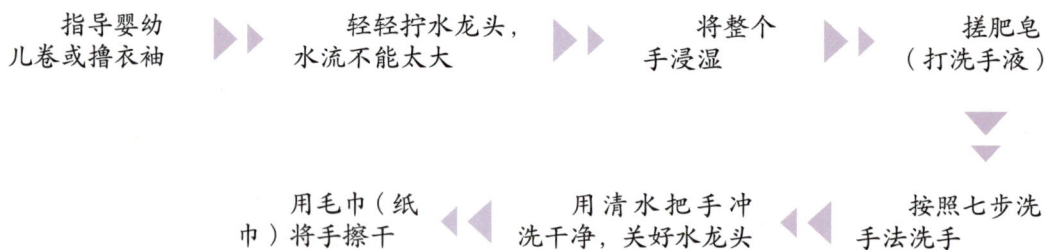

指导婴幼儿卷或撸衣袖 ▶▶ 轻轻拧水龙头，水流不能太大 ▶▶ 将整个手浸湿 ▶▶ 搓肥皂（打洗手液）

▼

用毛巾（纸巾）将手擦干 ◀◀ 用清水把手冲洗干净，关好水龙头 ◀◀ 按照七步洗手法洗手

图 2-3-1　指导婴幼儿洗手的流程

下面介绍一些洗手的小窍门。

①搓肥皂的方法：一手拿肥皂，在另一只手上涂抹，先涂抹手心，然后涂抹手背，之后换手拿肥皂，动作相同。为了防止肥皂从婴幼儿的手中滑落，保育员应将肥皂放在一个网袋中，将网袋的一端固定在水管或墙壁上。

②七步洗手法口诀：一搓手掌，二洗手背，三擦指缝，四扭指背，五转大弯，六揉指尖，七冲全手。通过继续简化，还可以得到七字口诀，即搓、洗、擦、扭、转、揉、冲。

③洗手儿歌：卷起袖口，淋湿手，抹上肥皂，搓搓手心，搓搓手背，搓搓指缝，手上泡泡冲干净，小手甩三下，关上水龙头，小手擦一擦。

（三）指导婴幼儿洗手的组织原则

①在盥洗前应向婴幼儿强调盥洗的纪律要求、卫生要求及注意事项。

②保育员在组织盥洗时应有计划性。分组的方法、盥洗的顺序、盥洗室外的婴幼儿的活动内容及形式等，都应在计划范围之内，做到有条不紊。

③全面照顾、及时督促、仔细检查，使洗手这一环节既能让婴幼儿达到清洁自身的目的，又能对他们起到一定的教育作用。

④尽量减少婴幼儿的等待时间。

⑤培养婴幼儿的自理能力，不包办代替，培养婴幼儿良好的盥洗习惯。

学习笔记

四 根据婴幼儿眼睛、耳朵、鼻腔、口腔和皮肤的特点实施清洁

（一）婴幼儿眼睛的特点及清洁要点

眼睛的结构如图 2-3-2 所示。

1. 婴幼儿眼睛的特点

（1）眼的分泌物较多

婴幼儿的鼻泪管发育不全，有时眼泪无法顺利排出，容易形成白色的分泌物；睫毛内倒会刺激眼球导致分泌物增多；外环境引起感染也会使眼部分泌物急剧增多。

（2）泪腺发育不成熟

婴幼儿的泪腺未发育完全，自我保护能力差。

（3）生理性远视

婴幼儿的眼球的前后径（眼轴）距离较短，看远处物体时成像于视网膜的后面，形成生理性远视。随着眼球的发育，眼球前后距离也就随之变长，一般到 5 岁左右视力就可发展为正常水平。

（4）调节范围广

婴幼儿眼睛的晶状体的弹性好，调节范围广，即使近在眼前的物体，也能看得很清楚。但长此以往，易形成近距离读写的习惯，尤其是长时间进行近距离阅读、画画、看电视等，容易使眼睫状肌过度疲劳而形成近视。

（5）辨色能力较弱

婴幼儿的辨色力是逐步发展起来的：3 个月之内只能识别黑白两色；4～5 个月能辨别色彩，对红色特别感兴趣；3 岁时能辨别红、黄、蓝等基本颜色，但对相近的颜色还不能清楚地分辨，需通过训练来发展。

2. 婴幼儿眼睛的清洁要点

保育员需要用专用毛巾（消毒棉球或棉签）给婴幼儿擦洗、清洁眼部。如果用的是毛巾，需要每天煮沸消毒；如果用的是消毒棉球或棉签，则需要一用一换。每次洗脸时，最先擦洗眼部，可先用专用毛巾（消毒棉球或棉签）蘸水，拧干到不滴水的程度，由内到外轻轻擦去眼睛的分泌物，再换毛巾另

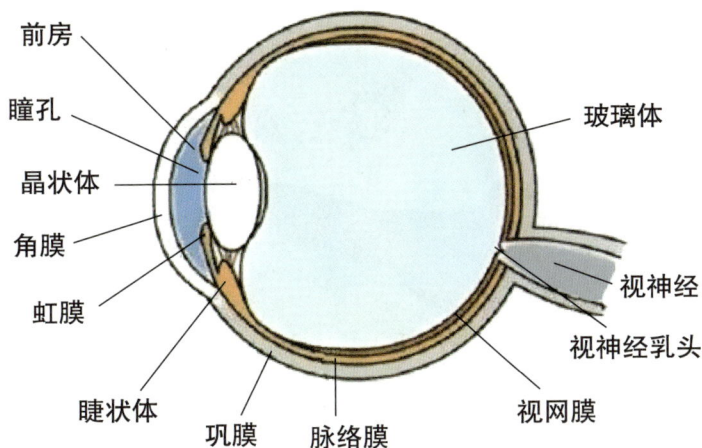

前房
瞳孔
晶状体
角膜
虹膜
睫状体
巩膜
脉络膜
玻璃体
视神经
视神经乳头
视网膜

图 2-3-2　眼睛的结构

学习笔记

外的干净的一角（新的消毒棉球或棉签）擦净眼部。要养成良好的卫生习惯，不用不清洁的手和毛巾抹擦婴幼儿的眼睛。如果发现结膜炎要及时联系家长送婴幼儿就医。

（二）婴幼儿耳朵的特点及清洁要点

耳朵的结构如图 2-3-3 所示。

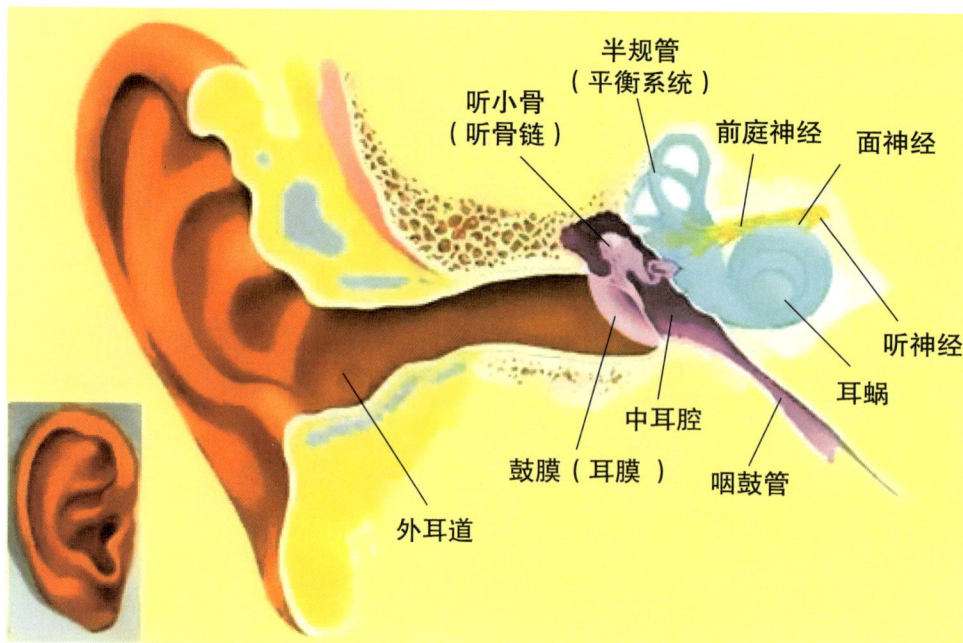

图 2-3-3　耳朵的结构

1. 婴幼儿耳朵的特点

（1）容易受损

婴幼儿的耳郭皮下组织很少，在气温低时容易生冻疮。当眼泪、脏水流入外耳道后，或掏耵聍损伤外耳道后，外耳道易长疖，影响婴幼儿睡眠，严重时可引起脑部感染。

（2）容易患中耳炎

婴幼儿的咽鼓管与成人相比短且管腔宽，位置比较平。当咽、喉和鼻腔受感染时，细菌易经咽鼓管进入中耳，引起中耳炎，而中耳炎可导致脑膜炎。

（3）对噪声特别敏感

婴幼儿耳蜗的感受性比成人强，听觉比成人敏锐。噪声能够引起婴幼儿听力下降。如声音达 60 分贝，不仅会损伤婴幼儿的听力，还会影响其呼吸、睡眠；如经常处于 80 分贝以上的噪声环境中，婴幼儿可能会睡眠不足、烦躁不安、消化不良、记忆力减退以及听觉迟钝。

2. 婴幼儿耳朵的清洁

婴幼儿的耳朵容易感染中耳炎，保育员给婴幼儿洗头和洗澡时需要用拇指和中指压在其两耳孔上，避免水进入耳孔，洗头和洗澡后要用专用毛巾轻轻擦拭耳郭和耳的背面，用消毒棉签清洁外耳道的浅表处并吸干水，但是不要把棉签伸到耳道深处。婴幼儿吐奶、啼哭时，奶液和眼泪会顺着脸颊流向耳道，应及时擦洗干净，并注意不要让婴幼儿躺着喝奶。洗头、洗澡时，如水进入耳道，可将头偏向进水一侧，让水流出或用棉签将水吸出。

学习笔记

（三）婴幼儿鼻腔的特点与清洁要点

鼻腔的结构如图 2-3-4 所示。

1. 婴幼儿鼻腔的特点

（1）容易感染

婴幼儿鼻腔内黏膜柔软，鼻毛较少，对空气的过滤作用较弱，容易感染。

（2）容易堵塞

婴幼儿鼻腔较狭窄，血管丰富，遇到轻微的刺激就会充血水肿，引发鼻黏膜肿胀，分泌物增多，造成鼻腔堵塞。

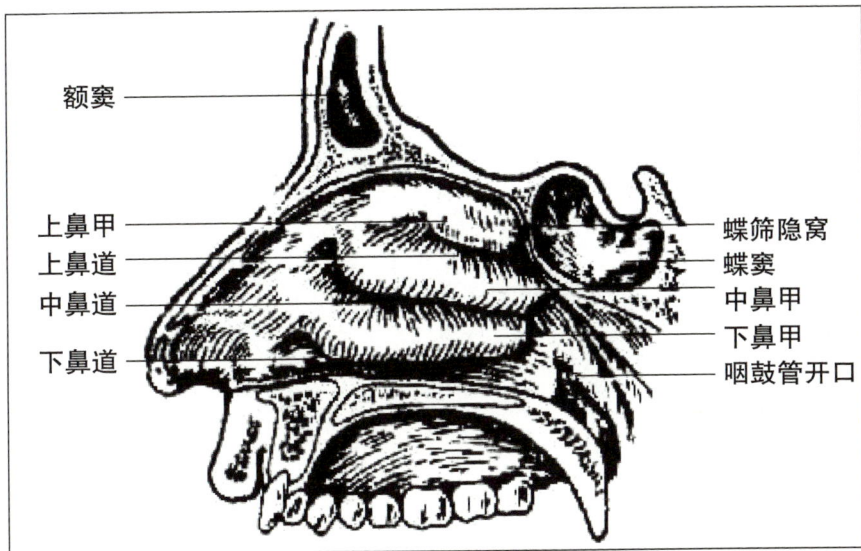

图 2-3-4 鼻腔的结构

（3）嗅觉较灵敏

婴幼儿的嗅觉较灵敏，出生时就能辨别不同的气味，尤其是母亲身上的味道。

2. 婴幼儿鼻腔的清洁

婴幼儿鼻腔应保持清洁和通畅，保育员应每天帮助婴幼儿清洁鼻腔，可用干棉签轻轻卷拭鼻腔中的鼻涕，也可用吸鼻器把分泌物吸出来。当鼻痂堵塞鼻腔时，可在鼻腔中滴一滴温水，待鼻痂软化后用棉签轻轻卷拭鼻腔中的鼻痂，但不要太过深入。可以在晚上婴幼儿睡着时，滴一滴温水在其鼻腔中，以保持鼻腔湿润，减少鼻痂形成。

禁止挖鼻孔。挖鼻孔会使鼻毛脱落、黏膜损伤，严重时会使血管破裂，引起出血。挖鼻孔还会导致鼻腔感染，严重时，细菌可经面部血管回流至颅脑内，造成严重的并发症。

（四）婴幼儿口腔的特点及清洁要点

1. 婴幼儿口腔的特点

（1）容易感染和损伤

婴幼儿尤其是 1 岁内的婴儿，口腔较小，黏膜柔嫩，容易感染和损伤。

（2）乳牙依次萌出

婴幼儿乳牙的萌出是有一定顺序的，从出生后 6 ～ 7 个月开始萌出，12 个月未萌出者为乳牙萌出延迟。最先萌出的是 2 个下中切牙（下门牙），然后出上面的 4 个切牙（上中切牙、上侧切牙），再出 2 个下侧切牙，1 岁时可以萌出 8 个牙；1 岁半左右 4 个第一乳磨牙萌出，在切牙与磨牙之间留有空隙（尖牙的位置）；2岁左右4个尖牙长出；最迟至2岁半，4个第二乳磨牙萌出，20个乳牙全部出齐（见图2-3-5、表2-3-1）。

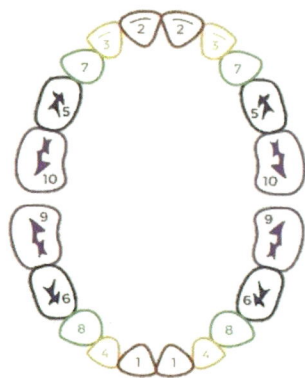

图 2-3-5　乳牙萌出的顺序

表 2-3-1　乳牙萌出时间

萌出顺序	牙齿	萌出时间
1、2	乳中切牙	6～12月
3、4	乳侧切牙	8～10月
5、6	第一乳磨牙	12～16月
7、8	乳尖牙	16～20月
9、10	第二乳磨牙	20～30月

6岁左右在乳磨牙的后面长出的第一颗恒磨牙称"六龄齿"。7～12岁乳牙次第脱落，被恒牙替代。其余恒牙从乳牙后方生长出来，12岁左右第二恒磨牙萌出，第三恒磨牙（又称智齿）一般在22岁以后才长出，也可能终生不出，因此，人的恒牙28～32颗均为正常。

（3）容易患龋齿

婴幼儿的乳牙钙化程度低，牙釉质较薄，牙本质较软，咬合面的窝沟又较多，容易被酸性物质腐蚀而发生龋齿。

（4）乳牙影响颌骨生长和发音

婴幼儿的乳牙除咀嚼帮助消化外，还有助于下颌骨的生长和正常发音。0～3岁是婴幼儿颌面部迅速发育的阶段。在牙齿和颌骨的衬托下，面容才会端正、和谐、自然。乳牙正常萌出、不过早缺失，有助于正常发音，使幼儿口齿伶俐。

2.影响婴幼儿口腔健康的因素

婴幼儿口腔健康受到很多因素的影响，见表2-3-2。

表 2-3-2　影响婴幼儿口腔健康的因素及维护口腔健康的做法

影响因素	维护口腔健康的做法
婴幼儿的饮食习惯	平衡膳食，限制含糖饮料和食物的摄入，维护婴幼儿的口腔环境
婴幼儿的口腔卫生习惯	养成刷牙、漱口等良好的口腔卫生习惯，有效地清除菌斑，保护牙齿
保育员的口腔卫生	保育员应保持良好的口腔卫生，避免将口腔致龋菌传播给婴幼儿
婴幼儿的健康水平	婴幼儿出现全身或局部健康问题会影响牙齿的发育，发育不良的牙齿易变为龋齿，因此应保证婴幼儿健康成长
检查口腔的频率	婴儿长牙后6个月需要检查口腔，幼儿期应3～6个月检查一次，发现问题后要及时治疗，并做好预防工作

3.婴幼儿常见的口腔问题

①龋齿。俗称虫牙、蛀牙,如不及时治疗,易形成龋洞,最终造成牙齿丧失。

②前牙外伤。易由外伤导致。

③牙齿发育异常。指牙齿数目异常、牙齿形态异常、牙齿结构异常和牙齿萌出异常。

④鹅口疮。由白念珠菌感染所引起,在口腔黏膜表面形成白色斑膜。

⑤错颌畸形。在生长发育过程中,由先天的遗传因素,或后天的环境因素如疾病、不良习惯、替牙障碍等原因,造成的牙齿排列不齐、颌骨大小形态位置异常、面部畸形等。

4.婴幼儿口腔的清洁

给婴儿喂奶后,应擦干净其口唇、嘴角的奶,保持局部皮肤黏膜清洁。奶瓶、奶嘴、毛巾等用品要每天用沸水消毒。母亲进行母乳喂养时也要注意乳头的清洁,每次哺乳前可用温水擦拭乳头。在婴儿未出牙之前,要定时给他们喝白开水,尤其是进食后和临睡前,以保持口腔的清洁。乳牙萌出后可以将纱布缠在手指上或将婴儿牙刷套在手指上,深入婴儿的口腔清洁牙齿。

幼儿1周岁以后,可以帮助并指导他们采用巴氏刷牙法清洁口腔。幼儿2岁以后,可以教他们使用专用牙刷自己刷牙,2岁的幼儿会模仿成年人做漱口和刷牙的动作,开始时幼儿与成人并排站着,虽会模仿用牙刷刷门牙,但刷口腔内牙齿的侧面和上面的动作还不够协调。因此,成人要帮助婴幼儿养成刷牙的好习惯,坚持每天早晚刷,逐渐学会自己刷牙。

(五)婴幼儿皮肤的特点及盥洗要点

皮肤的结构如图 2-3-6 所示。

1.婴幼儿皮肤的特点

(1)新生儿皮肤覆盖胎脂、绒毛

新生儿出生时,皮肤表面覆盖着一层灰白色的胎脂,具有保护皮肤、防止感染等作用。新生儿出生后数小时,胎脂开始逐渐被皮肤吸收,一般不需要人为用水洗去或用纱布擦去。如果头顶部的胎脂较厚,可擦一点植物油,待胎脂被浸润后清洗干净即可。新生儿皮肤覆盖着胎毛,一般一周后胎毛开始脱落,给新生儿洗澡时,可以看到水中漂着许多细绒毛。

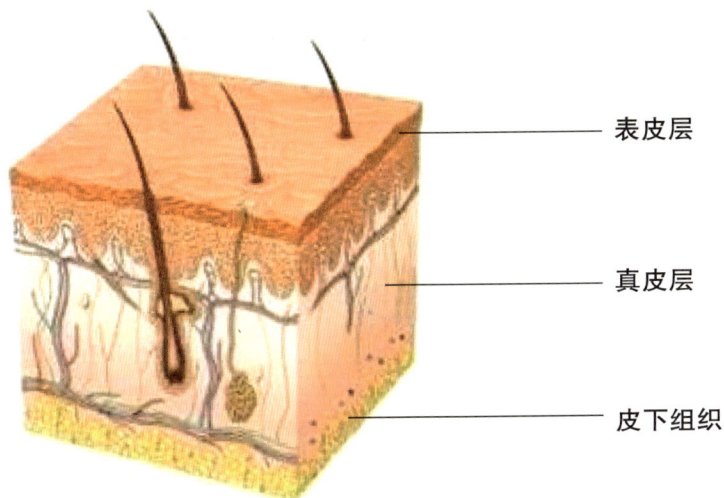

表皮层

真皮层

皮下组织

图 2-3-6 皮肤的结构

（2）容易被划伤、刮伤

婴幼儿的皮肤娇嫩，如碰到坚硬物体，容易被划伤、刮伤。

（3）容易受到感染

婴幼儿的皮脂腺没有成熟，缺乏油脂，抗菌和免疫力都比较弱，皮肤易受到感染。

（4）保护功能差

婴幼儿的皮下脂肪组织较少，保护功能较差。因局部防御机能差，故很容易受伤，且受伤处也容易成为细菌入侵的门户，轻则引起局部感染发炎，重则可能扩散至全身（如引起败血症）。

（5）调节体温的功能差

婴幼儿的皮肤的表面积相对比成人大，散热多；加上皮肤中毛细血管密集，血管腔比较大，流经皮肤的血量比成人多，散热快；同时，婴幼儿汗腺发育不完善，神经系统对体温的调节不够稳定，导致婴幼儿不能较好地适应外界气温的变化。环境温度过低，皮肤散热多，容易受凉或生冻疮；环境温度过高，易中暑。

（6）渗透作用强

婴幼儿的皮肤薄嫩，渗透作用较强。有些有毒物质如有机磷农药、苯、酒精都可经皮肤被吸收到体内，引起中毒。

2. 婴幼儿皮肤的盥洗

保育员需要每天用清水帮助婴幼儿洗脸、手、耳等皮肤裸露的部分，勤为其洗澡、洗头，勤剪指甲，保持皮肤清洁。若婴幼儿的皮脂腺分泌物过多，在头皮上形成一层黄褐色的痂皮，可将植物油加热，晾凉之后用来闷软痂皮，然后再清洗。在盥洗过程中需要注意保温，正确选用婴幼儿洗护用品，必须为婴幼儿选用专用护肤品，切不可用成人的清洁用品、护肤品及有刺激性的化妆品。在皮肤上涂拭药物也要注意药物的浓度和剂量，不可过量。

五　不同性别的婴幼儿的清洁

（一）女童

女童的尿道很短，刚出生时为 1～2 cm，生长速度缓慢，15 岁时才长到 3～5 cm。由于生理结构的特殊性，女童的尿道外口较宽大，开口接近阴道和肛门。若不注意外阴部的清洁卫生，尿道容易被粪便等污染，若细菌经尿道上行，可引起膀胱炎、肾盂肾炎等。

女童的这些生理特点要求在给她们清洁臀部的时候，一定要坚持"从前往后"的原则，即从尿道口向后清洗到阴道口、肛门，这样的顺序可以减少细菌感染的机会。因为 0 ~ 3 岁的女童雌激素分泌水平低，阴道上皮较薄，阴道分泌物呈现碱性，缺乏阴道杆菌，阴道的自然防御力较低，"从前往后"的清洗顺序能避免尿道、内外阴感染，也能降低发生外阴炎的概率。

（二）男童

男童的尿道与女童相比较长一些，刚出生时，男童的尿道长为 5 ~ 6 cm，生长速度缓慢，直到青春期才显著增长，13 ~ 14 岁时尿道长为 12 ~ 13 cm。男童因常有包茎问题，积垢后也易引起上行性泌尿系统感染。

男童最难清理的是生殖器官。刚出生的男童的包皮还紧附在龟头上，只需要把露在外面的部分轻轻洗干净即可。大部分的男童在 2 岁之前，包皮和龟头不会完全分开，这时特地翻开包皮清洗，如果成人动作太大或孩子乱动都容易弄伤男童。待男童长大一些，包皮与龟头完全分开之后，再协助男童翻开包皮清洗，清洗时，动作一定要轻柔，在皱褶处多花些时间。男童没有所谓"从前往后"的清洗原则，但应好好清洗皮肤皱褶处。平时如厕后用婴幼儿专用湿纸巾擦干净，洗澡的时候可以用干净的纱布擦拭大腿根部、外阴部的皮肤皱褶处，对于男童的睾丸要轻柔、仔细，包括阴茎下方、睾丸与皮肤贴合之处都要清洗干净。

六 使婴幼儿养成良好的盥洗习惯

良好的盥洗习惯有利于婴幼儿身心健康的发展和行为习惯的培养。保育员应对不同年龄的婴幼儿进行盥洗训练和指导，以便婴幼儿熟练掌握盥洗技能，形成自觉盥洗的习惯。

（一）创设良好的盥洗环境

托育园的盥洗环境的优劣对于婴幼儿能否安全、卫生和有效地进行盥洗至关重要，因此，保育员在婴幼儿盥洗前，需要事先创设良好的盥洗环境，并通过对盥洗室公共区域的环境挖掘，发挥公共区域的教育作用。可以在盥洗区粘贴图文并茂的洗手流程图片，帮助婴幼儿养成正确洗手的好习惯。可在盥洗区地面贴上大小不同的圆点，从大到小有秩序地排列，提醒婴幼儿自觉养成排队的好习惯，消除安全隐患（见图 2-3-7）。

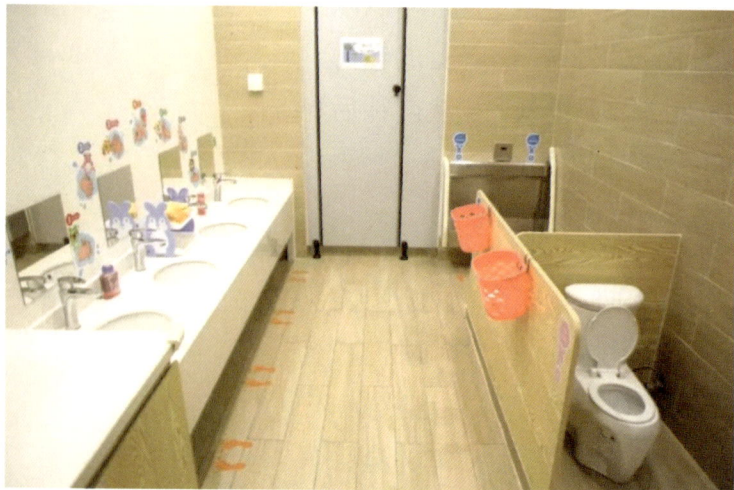

图 2-3-7　托育园的盥洗环境

学习笔记

（二）鼓励幼儿练习盥洗

保育员不要因为担心幼儿自己洗不干净而包办代替，应放手让幼儿练习盥洗。针对 13 ～ 24 个月龄的幼儿，应协助和引导幼儿自己洗手、刷牙；针对 25 ～ 36 月龄的幼儿，应引导幼儿餐后漱口，正确刷牙，使用肥皂或洗手液正确洗手，认识自己的毛巾并擦手。

（三）发挥示范的积极作用

成人是婴幼儿模仿的重要对象，保育员的日常行为随时都会对婴幼儿的发展产生潜移默化的影响。保育员要善于抓住一切机会为婴幼儿做好行为示范，用自己良好的盥洗习惯去影响他们。同伴是婴幼儿观摩学习的榜样。保育员可以在婴幼儿中树立良好的典型，让婴幼儿相互交流、观摩和学习。

（四）根据年龄特点因材施教

不同年龄婴幼儿的盥洗教育的指导内容和方法应各有不同。对 1 岁以内的婴儿，保育员以全程帮助为主；1 ～ 2 岁的幼儿，保育员可以在部分简单的环节放手让幼儿独立完成，难以完成的环节由保育员帮助完成；2 ～ 3 岁的幼儿，保育员在每日的盥洗环节指导幼儿练习，学会大多数盥洗内容的操作。因为婴幼儿各方面的能力较低，保育员必须对婴幼儿进行反复的、持之以恒的指导和训练，才可能取得较好的效果。

（五）开展适当的行为强化

任何一项盥洗活动都包括许多步骤，只有反复练习，婴幼儿才会熟练掌握，并形成习惯。针对一些婴幼儿在盥洗时表现出的种种不良行为习惯，应选择正确的行为作为目标不断强化。例如，对于盥洗时爱嬉闹的婴幼儿，要求在规定的时间内完成；对于推挤、有攻击行为的婴幼儿，不忘提醒其遵守盥洗要求；当婴幼儿缺乏控制能力时，保育员要有意识地利用语言、表情、动作等给予暗示，及时提醒，如提醒婴幼儿随手关紧水龙头，让婴幼儿从小养成节约用水的好习惯。

（六）家园共同教育

托育机构应经常与家长沟通，了解婴幼儿在家中的盥洗情况，引进家庭教育中的经验，使托育园的教育更具针对性。同时让家长了解托育园盥洗习惯培养的要求及方法，使家园教育保持同步，形成合力。建议家长在家中为婴幼儿创设良好、便利的盥洗环境，给婴幼儿准备专用的洗手液、肥皂、毛巾、润肤油等用品。

良好的盥洗习惯是人不可缺少的素质之一，对于孩子今后的健康发展也具有相当重要的作用。我们应从小为孩子播下良好习惯的种子，因为有良好盥洗习惯的孩子将终身受益。

学习反思

学习目标

学习本专题，你将达成以下目标。

🌱 能说出如厕保育的保教价值。

🌱 知道婴幼儿的二便的特点和保育要点。

🌱 能说出影响婴幼儿如厕的因素。

🌱 知道营造良好的如厕环境的方法。

🌱 会做好如厕前的准备。

🌱 会引导婴幼儿进行如厕练习。

🌱 会给婴幼儿换尿布。

🌱 能辨别婴幼儿的异常便。

🌱 能指导婴幼儿进行如厕清洁。

🌱 会为便器清洁消毒。

关键词

如厕：这是古语，就是到卫生间完成大小便的排泄，即上厕所。

异常便：排出的大小便与正常健康人的存在差异。

如厕训练：简单来说就是教会婴幼儿在厕所大小便。此项训练是为了让婴幼儿掌握有便（尿）意时可以去厕所自行解决的技能，从而可以摆脱纸尿裤。

　　婴幼儿生活在文明社会中，他们必须遵守一切社会文明准则和规范。在排泄方面，他们必须学会控制自己的大小便，知道大小便去厕所，不随地大小便，养成一切与排便有关的文明习惯。所有这些都离不开照护者积极的回应性照护和教育指导。

一　如厕保育的保教价值

如厕蕴含着许多重要的生理和心理价值。从生理学角度来看，人的排泄物中含有毒素和废物，及时排出这些物质有利于身体健康。同时，人体的一些疾病信息也会反映在大小便上。因此，我们通过平时对大小便的观察，能及时发现身体的异常情况，以便及时诊断、治疗。从心理学角度来看，如厕能力和习惯的培养会影响婴幼儿的人格发展。弗洛伊德的人格发展理论指出，3岁之前，婴幼儿需要学会控制生理排泄，从而符合社会的要求，也就是说必须养成良好的如厕习惯。过于放纵的如厕训练会使婴幼儿形成"肛门期—排泄型人格"，即不讲规则、残忍、龌龊甚至具有破坏性；而过于严厉的如厕训练会使婴幼儿形成"肛门期—滞留型人格"，即固执、吝啬，守规矩但过于死板，有强迫性洁癖。

从现实生活来看，不少婴幼儿在家如厕时，大人包办得太多，再加上入园后如厕方式及如厕器具改变了,对多数婴幼儿来说,在园如厕成为一种挑战。而个别保育员在进行如厕照护时操作不规范，还会表现出厌恶、排斥等情绪，甚至出现责骂等行为,这在一定程度上增加了风险,加大了婴幼儿的心理压力,影响婴幼儿的健康成长。

保育员应该从婴幼儿身心和谐发展的角度出发，让婴幼儿轻松如厕，满足婴幼儿正常的生理排泄需要，帮助他们掌握独立如厕的基本技能，遵守如厕常规，养成健康的如厕习惯，促进其身心和谐发展。

二　婴幼儿二便的特点

新生儿出生后的前几天水的摄入量少，每天排尿4～5次；出生1周后，因新陈代谢旺盛，进水量增多而膀胱容量小，每天排尿可增加为20～25次。6个月至1岁的婴儿，随着半流质辅食的增加及肾功能逐渐完善，每日排尿次数减少为15～16次。2～3岁的幼儿每日平均排尿次数为10次。正常情况下尿液呈淡黄色，在出汗多、喝水少的情况下颜色变深。新生儿每日排尿400 mL，6月龄婴儿每日排尿400～500 mL，幼儿每日排尿500～600 mL。若婴幼儿每日排尿量小于200 mL，即少尿；一昼夜尿量小于50 mL，即无尿。

母乳喂养、人工喂养以及混合喂养的婴幼儿在排便次数上、粪便性状方面各有特点。纯母乳喂养的婴幼儿的大便呈黄色或金黄色，稠度均匀且呈膏状，或有颗粒，偶尔稀薄而微呈绿色，呈酸性反应，有酸味但不臭，每天排便2～4次。人工喂养的婴幼儿的大便色淡黄或呈土灰色，质较硬，呈中性或碱性反应，有明显的臭味，每天大便 1～2 次。混合喂养的婴幼儿，无论母乳或配方奶喂养，若同时加食淀粉类食物，则大便量增多，硬度比单纯配方奶喂养稍减，呈暗褐色，臭味增加。若将蔬菜、水果等辅食加多，则大便与成人近似，每天大便 1～2 次。

三 婴幼儿二便的保育要点

为指导托育机构为 3 岁以下婴幼儿提供科学、规范的照护服务，按照《国务院办公厅关于促进 3 岁以下婴幼儿照护服务发展的指导意见》的要求，国家卫生健康委组织制定了《托育机构保育指导大纲（试行）》。该大纲于 2021 年 1 月印发，在"生活与卫生习惯"方面，就盥洗、如厕、穿脱衣服等生活技能提出了保育要点。其中，关于婴幼儿二便的保育要点摘录如下。

第一，照护 7～12 个月的婴儿。

①及时更换尿布，保持臀部和身体干爽清洁。

②在生活照护过程中，注重与婴儿互动交流。

③识别及回应婴儿哭闹、四肢活动等表达的需求。

第二，照护 13～24 个月的幼儿。

①鼓励幼儿及时表达大小便需求，形成一定的排便规律，逐渐学会自己坐便盆。

②协助和引导幼儿自己洗手。

第三，照护 25～36 个月的幼儿。

①培养幼儿主动如厕。

②引导幼儿使用肥皂或洗手液正确洗手，认识自己的毛巾并擦手。

四 影响如厕的因素

（一）神经损伤

脊髓损伤、脊柱裂及其他使骶尾神经部分或全部受损的损伤均会影响人对排便的控制。例如，当腰椎及腰以下的脊柱损伤时，反射弧是不完整的，膀胱张力完全丧失；当高位损伤，损伤平面高于膀胱支配的水平时，反射弧是完整的，当膀胱充盈时，就被反射性地排空。

（二）大便性状

正常排出的大便是成形的软便，不干不稀，排便时不感到困难，便后有轻松舒适的感觉，这表明胃肠功能良好。如果大便秘结坚硬，就会造成排便困难而延长如厕时间，直肠血管内压力增高，血液回流受阻碍。

（三）情绪问题

情绪紧张会引起膀胱突然收缩而排出尿液。在大小便训练过程中造成的精神创伤，也会使婴幼儿对训练产生抵抗情绪从而导致退步。例如，婴幼儿正坐在便盆上，突然的一声呵斥，吓得他从便盆上摔下，当再次把他放在便盆上时他就会很害怕。又如，婴幼儿正坐在马桶上大便，突然有凉水冲出来，使婴幼儿对如厕产生恐惧心理。

五 良好的如厕环境

良好的如厕环境对于婴幼儿轻松如厕至关重要。如厕环境包括物质环境和心理环境。

（一）物质环境

物质环境要求每班设置独立的符合婴幼儿身心特点的清洁区（卫生间），并相对隔开，尤其是独立设置的全日制托育机构。盥洗间和卫生间内均为平整无台阶的地面，地面均应使用防滑地砖，避免婴幼儿出现滑跌的现象；墙面边缘及洗手池边缘应做圆角设计，防止婴幼儿碰撞受伤；托小班的卫生间需要提供尿布台（挂壁或台式），单独设置在一个区域。如有条件，还应提供单独配套使用的水池和专用垃圾桶。因为换尿布区域如果不注意清洁消毒，或者未与其他区域相对分开，易传播痢疾病毒、轮状病毒以及一些肠道病毒等。托小班、托大班的卫生间内可配备婴幼儿专用坐便器、小便斗或小便池，坐便器高度宜为 0.25 m 以下。每班至少设两个大便器、两个小便器，便器之间应加隔板，隔板处可加设扶手，便于婴幼儿在如厕时使用。日常使用后均须及时做好清洗消毒工作。若卫生间无窗，需要考虑安装通风设施。每班至少设三个适合婴幼儿使用的洗手池，高度宜为 0.4 ~ 0.45 m，宽度宜为 0.35 ~ 0.4 m。

（二）心理环境

心理环境要求卫生间的整体设计营造温馨的氛围，让婴幼儿感受到舒适、安全，在尿布台、如厕区和盥洗区张贴符合婴幼儿认知水平的操作流程图。保育员在为婴幼儿换尿布时应装扮整齐，尽量不佩戴耳环、胸针、戒指、手镯（环）、项链或手表等具有潜在风险的饰品或用具，动作应规范、轻柔，眼睛应注视着婴幼儿，对婴幼儿的口语及肢体动作能等待、观察、聆听，并做出回应。在指导如厕过程中，与婴幼儿对话或沟通时能使用简单明确的字词、适宜的语速、柔和的语调，以耐心、愉悦、温柔、正向的方式与婴幼儿说话及互动。

六 如厕前的准备工作

① 做好如厕的物质准备。每日在婴幼儿来园前，需要清洁消毒尿布台、坐便器、便池和地面，准备洗手液（洗手皂）、尿布、湿巾、手纸、擦手巾（擦手纸）等日常消耗品。保持地面干燥、空气清新、便池洁净且无异味。

② 如厕用品规范摆放。在水池台面两边各放一瓶洗手液，将洗手液按线摆放，这样便于随时归位。将婴幼儿如厕使用的手纸按实际需要的尺寸裁好，放在便纸盒内，摆放的位置和高低要以方便蹲在便池上或坐在便器上的婴幼儿随时取用为标准。清洁消毒后的毛巾要按照一人一巾的顺序挂好。

③ 了解婴幼儿在家大小便的习惯，掌握本班婴幼儿的大小便规律，以便有针对性地关注、指导婴幼儿排便。

④ 请家长给婴幼儿准备 1～2 套舒适的衣服，以备大、小便污染衣服时更换。

⑤ 带领新入园的婴幼儿认识男、女厕所的环境、设施，了解设施的使用方法。

七 换尿布的注意事项

① 选择固定的地方换尿布，如设置一个专门换尿布的台子。

② 换尿布前清洗双手，将所需的用品准备妥当，如干净的尿布、湿纸巾或卫生纸、护臀膏、浴巾或干布，避免拿取物品或短暂离开时婴幼儿翻滚摔落。

③ 在换尿布的台面上先铺一块垫子（或大块纸巾），以免婴幼儿在换尿布时排便而弄脏台面，或者在换尿布前对尿布台进行清洁和消毒，可减少台面上的细菌。

④ 让婴幼儿平躺在尿布台上。为了防止污染，必要的时候可脱去婴幼儿的鞋袜和弄脏的衣服。

⑤ 尿布湿了最好尽快更换，新生儿每周大约使用 80 块，1 岁左右使用 50 块，避免臀部浸在尿液或大便中。

⑥ 大便留在尿布内最容易使婴幼儿的屁股发红或起疹子，换尿布时，要轻轻地用尿布的边缘擦掉大部分粪便，用一次性湿巾从前往后地把屁股擦干净，或者用小毛巾将屁股用温水洗净，用纸巾擦干，涂上护臀膏，再包尿布。

⑦ 有些婴幼儿的皮肤很敏感，不适合使用市面上售卖的湿纸巾，不妨用蘸水的纱布代替。

⑧ 换下来的尿布务必卷包好，与用过的一次性物品一起丢进有盖子的垃圾桶内。若每次都用棉布材质的尿布，最好能妥善处理，以减少臭味。

⑨ 换尿布时需要积极与婴幼儿沟通，帮助有需要的婴幼儿穿衣服。

⑩ 换完尿布应将尿布台及垫子用消毒液再擦拭一次，以减少细菌滋生。

⑪ 换好尿布后为婴幼儿洗手。

⑫ 全部清理完毕后，要用洗手液仔细清洗双手再做其他的事。

八 如厕训练的时机

① 一般从 1 岁半至 2 岁开始。

② 婴幼儿有了独立意识，说话喜欢用"我"开始。

③ 纸尿裤能长时间保持干爽。

④ 排便时间有规律。

⑤ 婴幼儿坐得稳，走得稳，弯腰蹲下能再站起来。

⑥ 知道大小便的不同，形成大小便去厕所的概念。

⑦ 会用肢体语言表达有便的信号，如突然安静下来、表情改变、跳脚、蹲下、拉扯裤子。

⑧ 会用语言、手势告诉大人。

⑨ 会模仿家长或同伴的如厕动作。

⑩ 婴幼儿能听懂指令，会模仿使用便盆。

九 训练如厕

（一）评估婴幼儿的准备程度

一般来说，从 2 岁左右就应该对孩子开始进行如厕训练，但也有些孩子可能要到 4 岁才能准备好，保育员要观察其如厕的信号。

（二）购买合适的便盆

购买适合婴幼儿使用的便盆，选择正规厂家生产的安全、容易清洗、无须骑跨的婴幼儿专用便盆，或给普通马桶加婴幼儿专门的马桶圈，确保婴幼儿能双脚踩地坐稳。

（三）制订如厕常规

在温暖的季节开始训练，训练要固定时间，可以是早餐后、洗澡前或任何婴幼儿很可能大便的时间。每天让婴幼儿坐在便盆上尝试一次，每次坐便盆的时间不超过 10 分钟，让婴幼儿习惯便盆，把它当作自己日常生活的一部分。如果婴幼儿不愿意坐在便盆上，一定不要强迫，可以等几周或一个月以后再试。

（四）摆脱尿布或纸尿裤

裤子湿了立即换，让婴幼儿习惯干爽的感觉。让婴幼儿不用尿布或不穿纸尿裤坐在便盆上，尽量让婴幼儿明白这是如厕的意思，并能表达出如厕意愿。

（五）解释过程

向婴幼儿展示怎么处理大便，可请同性别的成人或大孩子示范。如给婴幼儿换纸尿裤时，可把婴幼儿带到便盆处，让婴幼儿坐下，然后帮其解开纸尿裤，把大便扔进便盆。这有助于婴幼儿把"坐下"和"排便"联系起来。把便盆里的大便倒进马桶后，可以尝试让婴幼儿来冲水，教导婴幼儿排便后自己穿裤子和洗手。

（六）训练独立性

鼓励婴幼儿想排便的时候就用便盆，排便时不给玩具。尝试让婴幼儿在某些时候不用尿布或纸尿裤，把便盆放在旁边。告诉婴幼儿，有需要的话就使用便盆，并且提醒婴幼儿便盆就在旁边。

（七）尝试穿内裤

鼓励婴幼儿穿内裤。当婴幼儿因穿内裤而受到激励时，将会配合如厕训练。

（八）开始夜间训练

别让婴幼儿在上床前喝太多水，夜晚不宜中断睡眠强迫婴幼儿大小便，应告诉婴幼儿半夜可以叫成人带其使用便盆，从而减少夜间尿床的次数。此外，把便盆放在婴幼儿的床旁，以便随时使用。

（九）合理对待退步现象

在婴幼儿如厕成功后给予赞美，如厕训练出现状况时也不要生气或惩罚婴幼儿，要平静地收拾干净，告诉婴幼儿下次试试使用便盆。

（十）注意事项

开始训练的时间不宜过早，应依照婴幼儿实际发育情况安排训练；不要过多地责怪婴幼儿，要多鼓励；在训练过程中要有耐心、温柔、不指责；注意保护婴幼儿的自尊心和隐私。

十　托育机构如厕的指导流程

托育机构如厕的指导流程见表 2-4-1

表 2-4-1　如厕环节及具体的要求

序号	如厕环节	具体的要求
1	创设情境	1.将贴纸或图片贴于厕所内幼儿眼睛平视处，让幼儿感到放松 2.将卫生纸置于易抽取处 3.将垃圾桶置于马桶旁，方便丢卫生纸 4.将防滑椅置于马桶前侧，且调整好位置
2	放马桶圈	1.教导幼儿正确使用马桶圈，并引导幼儿坐上去 2.教导幼儿抽取卫生纸，对折两次擦拭马桶圈，擦净后，再对折一次，将卫生纸丢入垃圾桶内，并请幼儿试做
3	上防滑椅	1.提醒幼儿手扶墙或洗手台，小心踏上防滑椅 2.提醒幼儿慢慢转身、站稳
4	脱裤子	教导幼儿将双手拇指伸入裤子的两侧，并将裤子往下拉至膝盖，并请幼儿试做
5	坐马桶	教导幼儿站在马桶前，手扶马桶圈，并引导幼儿坐上去
6	安抚上厕所	以话语和动作安抚幼儿，使幼儿安心上厕所，运用合适的方法（听水声、唱歌、欣赏画和聊天等）引导并鼓励幼儿小便
7	擦外阴部	1.教导幼儿抽取卫生纸后对折两次，并请幼儿试做 2.教导幼儿由外阴部前方往后方轻轻按或擦，并请幼儿试做 3.教导幼儿擦拭后将卫生纸再折一次，丢入垃圾桶内，并请幼儿试做
8	穿裤子	1.教导幼儿站起来 2.教导幼儿将拇指伸入裤子的两侧，并往上拉至腰部，将裤子拉平，并请幼儿试做
9	下防滑椅	提醒幼儿手扶墙或洗手台，小心踏下防滑椅
10	检视马桶座圈	教导幼儿检视马桶圈，若有脏污物，则取卫生纸擦拭，并丢入垃圾桶，并请幼儿试做
11	按冲水阀或拉冲水绳	1.提醒幼儿尿好后要轻轻按冲水阀或拉冲水绳 2.提醒幼儿洗手 3.将垃圾桶、防滑椅归位

十一 辨别异常便并留样

（一）大便异常

1. 次数及排便量

排便次数因人而异，婴幼儿可每天排便 1 ~ 5 次或几天排便 1 次，若排便次数突然改变并伴有其他不适表现可考虑是出现了异常情况。

排便量与膳食种类、数量、摄入液体量、大便次数及消化器官的功能有关。若进食少纤维、高蛋白等精细食物，大便则会量少而细腻；若进食大量蔬菜、水果等粗粮，则大便量较多。当消化器官功能紊乱时，排便量会发生改变。

2. 颜色

母乳喂养儿的大便多为金黄色，配方奶喂养儿的大便多为淡黄色，常含奶瓣。

3. 性状

婴幼儿未添加辅食前，大便未成形；增加辅食后，会形成软便。若发生便秘，大便坚硬呈栗子样；若发生消化不良或急性肠炎，大便为稀水样。

① 粪便表面有鲜血，血与粪便不混在一起，排便时哭闹，可能是肛门皮肤有裂口。

② 有脓血样大便且排便次数多，伴有高热，可能是细菌性痢疾。

③ 有红果酱样大便，伴有腹痛、呕吐，可能为肠套叠。

④ 有蛋花汤样大便且便次增加，可能为一般腹泻。

4. 气味

正常大便的气味因膳食种类而异，食肉味重，食素味轻。消化不良、未充分消化乳糖类食物或吸收脂肪酸会产生气体，粪便呈酸性反应，气味酸臭。

（二）小便

1. 尿色异常

正常新鲜的尿液呈淡黄色或深黄色。当尿液浓缩时，量少且色深。尿液的颜色还受某些食物、药物的影响，如进食大量胡萝卜或服用核黄素，尿液呈深黄色。在病理情况下，尿液可能有以下几种。

（1）橘黄色尿

尿色加深呈橘黄色或棕绿色，可见于肝、胆疾病。但服用某些药物如维生素 B_2 等，尿液也会呈橘黄色。

（2）红色尿

尿液呈洗肉水样，同时眼皮浮肿，可见于急性肾小球肾炎。

（3）乳白色尿

排出乳白色尿并伴有尿频、尿急、尿痛，可见于泌尿道感染。冬天，汗液分泌量减少，从尿中排出的代谢废物增多。若饮水量不足，尿液过于浓缩，排出体外冷却后，原来溶解的代谢废物呈结晶析出，就使尿液变浑，似米汤样，或放置一会儿，在尿盆底部会有一层乳白色的沉渣，虽然是正常现象，但还是需要让婴幼儿适量饮水，以利于体内代谢废物排出。

2. 尿量及排尿次数异常

婴幼儿每天尿量为 400 ~ 600 mL，少于 200 mL 为少尿。刚出生的婴儿每日排尿 4 ~ 6 次，一周后每日增至 20 ~ 25 次，以后逐渐延长间隔时间。1 岁时每天 15 ~ 16 次，3 岁后每天 6 ~ 7 次。尿量明显减少，眼皮浮肿，常是肾脏疾病的表现；腹泻伴尿量明显减少，是脱水的表现；排尿次数明显增加，憋不住尿，常是泌尿道感染的症状。

（三）大小便留样

保育员应观察婴幼儿大小便的量、颜色、性状等，及时发现异常，对异常便进行留样。准备干净清洁的容器、橡胶手套，以便收集尿液和粪便标本。保育员应留取中段尿装入密闭的小瓶容器，挑取便盆里最有代表性的大便少许，放入密闭的小瓶容器。整理器具，洗手，记录。正确分析异常大小便，出现严重异常情况应及时就医。

十二　组织集体如厕

① 保育员应用和蔼的态度提醒婴幼儿如厕。

② 保育员应提醒婴幼儿排便时不说话，排便时间不超过 10 分钟。

③ 保育员应逐步培养婴幼儿每日定时大便的习惯（最好在晨间）。

④ 保育员应指导婴幼儿对准便盆或马桶大小便，不要排在外面。

⑤ 保育员应帮助年龄小的婴幼儿擦屁股，指导年龄大的婴幼儿自己擦屁股。擦屁股时要从前向后擦。纸要事先裁好并放在盒子里，还要将盒子摆在固定位置，方便婴幼儿自取。

⑥ 保育员应帮助年龄小的婴儿便后穿好裤子，指导年龄大的幼儿自己穿好裤子。在冬季，注意腿部保暖，对个别婴幼儿进行帮助。

⑦ 保育员应提醒婴幼儿便后冲水和按次序洗手。

十三 指导如厕清洁

（一）学习折叠纸巾

擦屁股之前先让婴幼儿练习如何折叠好纸巾，告诉婴幼儿必须用足够厚的纸巾，擦屁股时手指才不会被弄脏。可以让婴幼儿先练习擦鼻子、擦桌子等，让他们学习擦的动作。

（二）掌握"干净"的概念

可以在活动中把"干净"这个概念放到故事中，用角色来引导婴幼儿注意自身卫生。例如，可以编一个不擦屁股的胖胖熊的故事，故事中胖胖熊总是不好好擦屁股，最后变得臭臭的，谁也不喜欢它。通过这个故事，让婴幼儿懂得要爱干净。

（三）开展模拟训练

把大米粥涂在玩具娃娃的屁股上，让婴幼儿先折叠好卫生纸，然后试着去擦，遵循"从前到后，不要太用力"的原则，擦一次折叠一次纸巾，如果折叠纸巾 2～3 次后还擦不干净，则换新的纸巾继续擦，直到纸巾上没有污物痕迹为止。

（四）进行实战练习

指导婴幼儿尝试自己擦屁股，在确定婴幼儿能自己完全做好之前，保育员可以和他们约定，允许自己在他们擦完之后检查一下。这时候，可以趁机帮他们擦干净。同时，要多鼓励婴幼儿，注意保护婴幼儿的自尊心。

（五）便后冲水

指导婴幼儿如厕、擦屁股结束后，冲水清洁马桶，如果是可移动便盆，由保育员清洗便盆。

（六）便后洗手

指导婴幼儿在完成所有的如厕活动后做好手部清洁，预防疾病的发生。

十四 便器清洁消毒

婴幼儿每次大便后都要清洗消毒（日常用）便盆，婴幼儿每次小便后都要对便盆进行清洗；每日用浓度为 500 mg/L 的有效氯消毒液将便盆消毒两次，消毒时水面应高于物面。

（一）坐便器的清洁消毒

物品准备：马桶刷、小水桶、浓度为 500 mg/L 的有效氯消毒液、两块抹布、橡胶手套。

操作步骤：用马桶刷刷净马桶里侧，冲洗一下。将经消毒的干净抹布浸湿、拧干，然后依次从上到下，即按照水箱—马桶盖外侧—马桶盖里侧—马桶圈上面—马桶圈下面—马桶底座的顺序进行擦拭。每擦一个地方搓洗一下抹布。马桶消毒用同样的方法。需要注意的是，应先用消毒液擦拭，20 分钟后再用湿毛巾擦拭干净，消除消毒液残留。

（二）沟槽便池的清洁消毒

配制浓度为 1 000 mg/L 的有效氯消毒液，倒入便槽内，按照便池内槽侧壁—便池内槽底部的顺序刷洗，最后按下便池冲洗按钮，冲洗沟槽。小便池消毒时，使用浓度为 500 mg/L 的有效氯消毒液消毒，用专用抹布进行擦拭，消毒液留置 30 分钟后，用干净抹布擦拭，去除残留消毒液。

学习反思

专题五

进餐活动照护

🌱 学习目标

学习本专题，你将达成以下目标。

🌱 知道不同年龄段的婴幼儿的营养需求、膳食要求和喂养原则。

🌱 知道提高婴幼儿食欲的策略。

🌱 会安排不同年龄段婴幼儿的一日饮食。

🌱 会为婴幼儿选择合适的餐具。

🌱 会为婴幼儿分发餐具与食物并进行餐前教育。

🌱 会喂哺婴幼儿。

🌱 能指导幼儿用勺进食、组织幼儿集体自主进餐。

🌱 掌握判断婴幼儿是否吃饱了的方法。

🌱 会排除进餐中的安全隐患。

🌱 会帮助婴幼儿养成良好的进餐习惯。

🌱 会照护特殊婴幼儿进餐。

🌱 关 键 词

进餐：吃饭。在本教材中，进餐特指婴幼儿喝奶和吃半固体或固体食物。

餐具：用餐时直接接触食物的非可食性工具，用于辅助食物分发或摄取食物的器具。本教材中的餐具包括奶瓶、杯子，进食固体食物的碗、勺、盆、盘。

喂哺：喂食、喂养。在本教材中，喂哺指用奶瓶和勺子喂养。

特殊儿：与正常儿童在各方面有显著差异的各类儿童。在本教材中，特殊儿指在进餐时需要特殊照护的儿童，包括肥胖儿、挑食儿、体弱儿、过敏儿等。

生命早期的1 000天被世界卫生组织定义为一个人生长发育的"机遇窗口期"，是人的体格和大脑发育最快的时期，这期间的营养状况与其一生的健康息息相关，不仅影响身体和智力发育，还与成年后慢性病的发病率有明显联系。由于婴幼儿的消化系统、免疫系统尚未发育完善，生活自理能力不强，独立进餐能力、良好进餐习惯需要培养，因此，托育机构在进餐活动这一环节需要对婴幼儿进行特别的保育。托育机构应为婴幼儿提供丰富的营养，既可以使他们避免感染感冒和其他的传播性疾病，还可以使他们充分生长并发展最大的潜力。

一 婴幼儿的营养需求

0～3岁婴幼儿处于快速生长发育阶段，合理的营养能促进婴幼儿生长发育并增进身体健康。营养供给不足时，可引起营养素缺乏性疾病，导致婴幼儿生长发育迟缓甚至影响成年后的体格和智力发育；反之，营养过剩则可能引起婴幼儿肥胖，可增加成年后发生糖尿病、高血压和冠心病的概率。

（一）能量的需求

能量是人类一切生命活动的"动力源"，婴幼儿对能量的需求主要体现在以下五个方面（见表2-5-1）。

表 2-5-1 婴幼儿能量的需求

内容	作用	特点
基础代谢	维持体温、肌张力和内脏生理活动	年龄越小，基础代谢率越高，所需热能也越多
食物热效应	维持代谢	食物热效应占总能量的7%～8%，蛋白质的热效应最高
身体活动	提供身体活动所需能量	婴幼儿的活动量越大，所需能量相对就越多
生长发育	提供生长发育所需能量	需求量与婴幼儿的生长速度成正比，随年龄增长逐渐减少
排泄消耗	将未消化吸收的食物排泄至体外	婴幼儿腹泻和其他消化功能紊乱时，排泄消耗增加

由于婴幼儿的基础代谢率高、生长发育迅速、活动量比较大，与成年人相比，需要消耗的能量相对多，年龄越小需求量越大。

能量来自食物中的碳水化合物、脂类和蛋白质，其中以碳水化合物为主。粮谷类、薯类和杂豆类食物富含碳水化合物，动物性食物比植物性食物含有更多的蛋白质和脂肪（大豆等油料作物和坚果除外），蔬菜和水果所含能量较少。

（二）营养素的需求

1.宏量营养素

蛋白质、脂类和碳水化合物这三类营养素，人体需求量大，在膳食中所占比重大，被称为宏量营养素（见表2-5-2）。

表 2-5-2　婴幼儿对宏量营养素的需求

种类	作用	食物来源	摄入异常表现	
			缺乏	过多
蛋白质	构成和修复组织，调节生理功能，维持体内环境稳定，供给能量	奶类及奶制品、瘦肉、蛋类、鱼类、豆类及豆制品	生长发育迟缓、免疫功能下降，严重时发生营养不良，甚至有生命危险	增加肾脏负担
脂类	储存和提供能量，促进脂溶性维生素吸收，维持体温和保护脏器，增加菜肴的香味、口感，有饱腹感	动物性油脂（猪油、牛油），植物性油脂（菜籽油、大豆油）和坚果	影响大脑发育，营养不良，各种脂溶性维生素缺乏症	消化不良，肥胖，增加患心血管疾病的潜在危险
碳水化合物	提供能量，构成组织的重要物质，节约蛋白质	谷类、薯类、杂豆类和纯糖类	长期摄入不足，会导致酮症酸中毒	肥胖，影响食欲，妨碍其他营养成分摄入

2.微量营养素

人体对维生素和矿物质的需求相对较少，维生素和矿物质在膳食中所占比重较小，被称为微量营养素。

（1）维生素

维生素是婴幼儿正常发育和生命活动所必需的物质，多数不能在人体内合成，要靠食物供给。根据溶解性，维生素可分为脂溶性维生素（维生素A、维生素D、维生素E、维生素K）和水溶性维生素（B族维生素、维生素C）。脂溶性维生素排泄较慢，缺乏症状出现较迟，易蓄积发生中毒；水溶性维生素排泄迅速，需每日供给，缺乏后会很快出现症状。婴幼儿容易缺乏的维生素有以下5种（见表2-5-3）。

表 2-5-3　婴幼儿容易缺乏的维生素

名称	主要功能	缺乏症	食物来源
维生素A	维持正常视觉 维护上皮细胞健康 促进骨骼和牙齿生长	夜盲症 眼干燥症 生长发育迟滞	肝脏 蛋黄 胡萝卜 鱼肝油
维生素D	促进钙、磷的吸收 维持神经、肌肉的兴奋状态	佝偻病 婴幼儿手足搐搦症	肝脏 蛋黄

续表

名称	主要功能	缺乏症	食物来源
维生素 B_1	维持正常的消化功能 维持神经的正常功能	缺乏食欲 患神经炎和"脚气病"	动物内脏 胚芽
维生素 B_2	促进细胞氧化过程	口角炎 口腔溃疡	动物内脏 蛋奶类
维生素 C	抗氧化作用 促进铁的吸收	牙龈出血 维生素缺乏病	新鲜的蔬菜和水果

（2）矿物质

无机盐在人体内含量极少，但不可缺少，能够调节生理机能。婴幼儿容易缺乏的主要有宏量元素钙和微量元素铁、锌、碘（见表2-5-4）。

表2-5-4　婴幼儿容易缺乏的矿物质

名称	主要功能	缺乏症	食物来源
钙	骨骼和牙齿的重要成分 维持神经和肌肉的活动	佝偻病 婴儿手足搐搦症	乳类食品 大豆及豆制品
铁	合成血红蛋白 参与体内氧的运输	缺铁性贫血	动物肝脏 瘦肉、动物血
锌	构成多种酶	缺乏食欲 异食癖	贝壳类海产品 海鱼
碘	合成甲状腺激素	甲状腺功能不足 地方性克汀病	碘盐 海产品

3.水

水是人体含量最多的成分，具有参与构成机体、促进体内物质代谢、调节体温和润滑等作用。水摄入少，会导致水和电解质代谢混乱，使尿液浓缩，各种代谢废物不易排出，易诱发泌尿系统感染；摄入过多，可引起急性水中毒。

4.膳食纤维

人类肠道不能消化吸收膳食纤维。膳食纤维常以原形排出，具有促进肠胃蠕动和控制体重的作用。婴幼儿摄入过多，易产生胃肠胀气；摄入过少，易引起便秘。有丰富膳食纤维的食物是谷物、豆类、蔬菜和水果。

二 不同年龄段婴幼儿的膳食要求

（一）0～1岁婴儿的膳食要求

1.母乳是最理想的食物

母乳能满足六月龄内婴儿所需的液体量、能量和营养素，应坚持纯母乳喂养6个月，婴儿配方奶是不能进行纯母乳喂养时的选择。

2.合理添加辅食

婴儿满6个月龄起应及时添加辅食。从富含铁的泥糊状辅食开始添加，婴儿的食物应单独制作，无糖、无盐、无调味品、忌油腻，食物性状与婴儿发育水平相符。

（二）1～2岁幼儿的膳食要求

1.均衡饮食

幼儿的膳食应合理搭配，保证食物种类多样化，口感好、易消化。每餐应包含3种以上食物，保证动物性食物、蔬菜水果、乳类的摄入。限制给予果汁的量，以免影响其他营养丰富食物的摄入。

2.合理烹调

1～2岁幼儿的食物应是少盐、少糖、少刺激的淡口味食物，最好为自制食物，应单独制作。幼儿食品烹调最重要的原则是将食物煮熟、煮透，同时尽量保持食物中的营养成分和原有口味，烹调方式宜多采用蒸、煮，不用煎、炸。

（三）2～3岁幼儿的膳食要求

1.平衡膳食

每日应保证不同种类谷薯类、肉蛋禽鱼、蔬菜水果、乳类的供应，比例适当。保育员在备餐时应注意主辅食结合、荤素搭配、干湿配合、粗细粮交替、食物多样，切忌食品单调、无变化。应为幼儿选择健康有营养的零食，如水果、蛋类、乳制品等。

2.清淡饮食

2～3岁幼儿可与成人共同进食普通食物，但应是质地软、清淡的，建议多采用蒸、煮、炖、煨等方式烹调，少放调料、少用油炸。在食物的制作上应多样化，注意食物的色、香、味，尽可能使食物的形态富有童趣。

三 不同年龄段婴幼儿的喂养原则

（一）0～6月龄的喂养原则

1.坚持第一口是母乳

分娩后尽早（产后30分钟）开始让婴儿反复吸吮乳头，婴儿出生后的第一口食物应该是母乳，出生后体重下降量只要不超过出生时体重的7%就应坚持纯母乳喂养，婴儿吸吮前不需要过分为乳头消毒，用温水擦拭即可。

2.按需喂养

3 月龄的婴儿要按需喂养。母亲要用两侧乳房交替喂养，每天喂奶 6 ～ 8 次或更多；坚持让婴儿直接吸吮母乳，尽可能不使用奶瓶间接喂哺人工挤出的母乳。

3. 坚持 6 月龄内纯母乳喂养

母乳喂养不仅能提供婴儿生长发育所需的物质，还能提高免疫力以预防过敏性疾病的发生。另外，母乳喂养也有利于加强母子间的感情。

4. 配方奶是不能纯母乳喂养时的选择

由于种种原因，不能用纯母乳喂养婴儿时，建议首选婴幼儿配方奶粉，不宜直接用普通液态奶、成人奶粉、蛋白粉等喂养婴儿。

（二）7 ～ 12 月龄的喂养原则

1.奶类优先，继续母乳喂养

母乳是婴儿的首选食品，建议 6 ～ 12 月龄的婴儿继续母乳喂养，对于不能用母乳喂养的 6 ～ 12 月龄婴儿，也建议选择用较大婴幼儿配方奶粉喂哺。

2. 及时添加辅食

添加辅食遵循由一种到多种、由少量到多量、由稀到稠、由细到粗的原则，循序渐进，逐步达到食物多样化。

3. 尝试多种多样的食物

应根据婴儿的需要，增加食物品种和数量，调整进餐次数，可逐渐增加到每天三餐（不包括奶类进餐次数）。保持食物原味，不需要额外加糖、盐及各种调味品。

4. 逐渐让婴儿自己进食

可以用小勺给婴儿喂食物，对于 7 ～ 8 月龄的婴儿，应允许他们自己用手握或抓食物吃，到 10 ～ 12 月龄时应鼓励并协助婴儿自己用勺进食，培养进餐兴趣。

5. 注意饮食卫生

膳食制作环境和进餐环境要卫生，给婴儿的辅食应是现做的，剩下的食物不宜存放，要弃掉。

学习笔记

（三）13 ~ 24 月龄的喂养原则

1. 顺应喂养

1 ~ 2 岁的幼儿常常出现食量波动，饮食习惯多变，不易预测，保育员应及时感知幼儿发出的饥饿或饱足的信号，充分尊重幼儿的进食意愿，耐心鼓励，但绝不强迫喂养。同时，尊重幼儿对食物的选择权，允许幼儿在准备好的食物中先挑选自己喜爱的食物，对幼儿不接受的食物应变化搭配，反复提供并鼓励幼儿尝试。

2. 注重进食习惯

保育员应为幼儿营造良好进餐环境，固定就餐时间与地点，保证进餐环境安静、愉悦，避免电视、玩具等干扰幼儿的注意力，避免追逐喂养。同时，应对食物和进食保持中立态度，不能以食物和进食作为惩罚和奖励。

3. 鼓励自主进食

幼儿要反复尝试和练习才能学会自主进食。13 月龄的幼儿愿意尝试抓握小勺自己吃，但会撒很多；18 月龄时可用小勺自己吃，仍会撒一部分；24 月龄时能用小勺自主进食且撒得较少。保育员应给予充分的鼓励，并保持耐心，培养幼儿自主进食。

（四）24 月龄以上的喂养原则

1. 强化良好的饮食行为习惯

保育员需进一步强化幼儿良好的饮食行为习惯，固定就餐时间与地点，引导幼儿进餐时细嚼慢咽但不拖延，在自主用勺进餐的基础上练习用筷子，进一步提高自主进食能力。同时，注意培养幼儿餐前用肥皂、流动水清洗双手，以及餐后漱口或饮白开水去除口腔内食物残渣等良好的饮食行为习惯。

2. 提高对食物的认识和喜爱程度

保育员应鼓励幼儿参与食物选购及膳食制备过程，可带幼儿去市场选购食品，辨识应季蔬果，尝试自主选购喜欢的食物；让幼儿观看膳食备制过程，参与一些力所能及的加工活动，如择菜；参与植物的种植活动，观察植物的生长过程，并亲自动手采摘蔬菜，享受劳动成果，提高对食物的认识和喜爱程度。

3. 合理安排零食

保育员应为幼儿提供水果、乳制品等营养丰富的食物，给予零食的数量和时机以不影响幼儿吃主餐的食欲为宜；还应控制纯能量类零食的食用量，如糖果、果冻等含糖量高的零食。

四 提高婴幼儿的食欲

（一）影响婴幼儿食欲的因素

1.进餐环境

干净、温暖、明亮、舒适、美观、安静、餐具清洁且摆放整齐的环境，有助于婴幼儿产生食欲。相反，肮脏、寒冷、昏暗、拥挤、嘈杂、陌生的环境，会降低婴幼儿的食欲。

2.进餐情绪

保育员平静和蔼的态度、周到细致的问候能稳定婴幼儿的进餐情绪，有利于婴幼儿产生旺盛的食欲。反之，消极的情绪和与进餐无关的大声说笑的行为会影响婴幼儿的进餐情绪，降低进餐食欲。

3.身体状况

疾病常使婴幼儿的食欲明显下降。运动会消耗能量，促进胃肠的蠕动，有利于婴幼儿产生饥饿感；而不运动会使代谢速度减缓，容易使婴幼儿食欲不振。

4.食物性状

单一的食物会使婴幼儿的食欲下降；种类丰富、形式多样、色香味俱全的食物，会使婴幼儿产生旺盛的食欲。而食物的种类和做法长期不变，也会使婴幼儿对美食的期望值降低，导致食欲下降。

（二）提高婴幼儿食欲的方法

1.提供多样化的食物

给婴幼儿提供的饮食应多样化、色香味俱全，以吸引婴幼儿进食。

2.创设良好的进餐环境

餐室清洁、明亮，餐桌和餐椅高矮适中、清洁、位置固定。餐室没有闲杂的陌生人。餐具清洁、大小适中。

3.保持愉快、平静的进餐情绪

保育员应保持餐室内安静或播放轻松的音乐，态度和蔼、亲切，周到地照护婴幼儿进餐，不转移婴幼儿进餐的注意力，不催促婴幼儿进餐，不批评婴幼儿，不利用进餐时间解决问题，不引起婴幼儿过度兴奋。

4.引导主动进食

尽早教会婴幼儿自己动手吃饭，可以提高婴幼儿进餐的兴趣。

扫一扫

扫码看《1～2岁幼儿一日食谱举例、2～3岁幼儿一日食谱举例》。

学习笔记

五　不同年龄段婴幼儿的一日饮食

（一）0～1岁婴儿的一日饮食安排

婴儿早期要按需哺乳，3～4月龄后逐渐定时哺乳和进食，一般每天可喂奶6～8次或更多，不要强求喂奶次数和时间。满6月龄时尝试添加辅食。

（二）1～2岁幼儿的一日饮食安排

1～2岁幼儿每日进餐次数一般为5～6次，包括正餐及辅餐。在早、中、晚安排的正餐应营养均衡。在早、午餐之间及午、晚餐之间可安排1～2次乳类喂养，提供水果或营养点心，并在晚餐后安排1次乳类喂养。

（三）2～3岁幼儿的一日饮食安排

2～3岁幼儿每日进餐次数一般为4～5次，应在早、中、晚安排3次正餐，幼儿可与成人共同进餐。在早、午餐之间可安排1～2次加餐，加餐以奶类、水果为主，配以少量松软的面点。

不同月龄婴幼儿一日饮食安排具体如下（见表2-5-5）。

表 2-5-5　不同月龄婴幼儿一日饮食安排表

时间	0～3月龄	4～6月龄	7～9月龄	10～12月龄	13～24月龄	25～36月龄
7:00	宜按需哺乳，不强求喂奶次数和时间，但一般每天喂奶的次数在8～12次，2～3小时1次	母乳和/或配方奶	母乳和/或配方奶	母乳和/或配方奶，婴幼儿米粉或其他辅食	母乳和/或配方奶，婴幼儿米粉或其他辅食	奶或奶制品，各种软烂的食物
10:00		母乳和/或配方奶	母乳和/或配方奶	母乳和/或配方奶	母乳和/或配方奶，水果或其他点心	水果或其他点心
12:00		母乳和/或配方奶＋泥糊状辅食	各种泥糊状辅食	各种糊状或小颗粒辅食	各种辅食	各种软烂的食物
15:00		母乳和/或配方奶	母乳和/或配方奶	母乳和/或配方奶＋水果泥或其他辅食	母乳和/或配方奶，水果或其他点心	奶或奶制品，水果或其他点心
18:00		母乳和/或配方奶	各种泥糊状辅食	各种糊状或小颗粒辅食	各种辅食	各种软烂的食物
21:00		母乳和/或配方奶	母乳和/或配方奶	母乳和/或配方奶	母乳和/或配方奶	牛奶或配方奶
夜间		母乳和/或配方奶1～2次	母乳和/或配方奶	无	无	无

六 为婴幼儿配制食物

（一）配方奶粉的配制

1.做好准备工作

① 先洗净双手，给奶瓶消毒，在干净的桌面上进行操作。

② 检查配方奶粉适合的年龄、有效期、冲泡方法、奶粉质量。

③ 准备沸水，冷却到 40 ℃ ～ 60 ℃（具体需参考配方奶粉说明书上注明的温度）。

2.配方奶粉的配制流程

① 将准确分量的温水倒入奶瓶。

② 用量匙盛取准确分量的奶粉加入奶瓶。

③ 盖上锁紧环和奶嘴，充分摇晃奶瓶，使奶粉与水完全融合。

世界卫生组织指定的配方奶粉配制流程见图 2-5-1。

3.注意事项

① 奶具要用沸水消毒。

② 冲泡要严格按照奶粉罐上的说明，不能自行增加奶粉量或冲泡水量。

③ 摇晃奶瓶时不要太过用力，不要上下摇晃。

④ 尽量随喝随冲，不要提前准备。

（二）固体辅食的制作

1.泥状辅食的制作

（1）谷物泥的制作

① 米粉的冲调：参考调配说明将适量的水（母乳或配方奶）分次加入米粉内，再用汤匙拌匀形成米糊（见图 2-5-2），可在米糊中加入水果泥、菜泥或其他泥糊状食物。

② 稠粥的制作：洗净白米，用水浸泡 1 小时，加入适量的水大火煮滚（半杯米加入 5 杯水为稀粥，加入 3 杯半水为稠粥，加入 2 杯水为软饭），水沸后转中火慢煮至米"开花"，煮至适当的稀稠度即成。

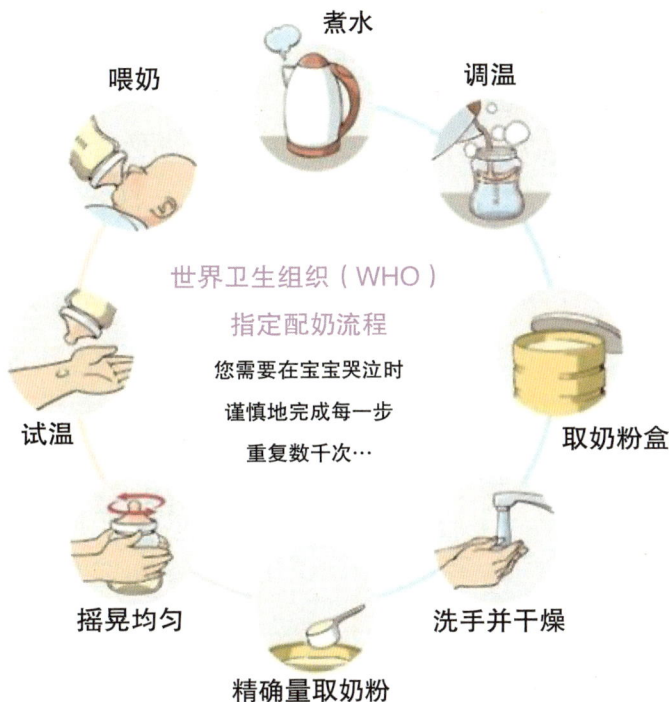

煮水
喂奶　　　　　　　调温

世界卫生组织（WHO）
指定配奶流程

您需要在宝宝哭泣时
谨慎地完成每一步
重复数千次…

试温　　　　　　　取奶粉盒

摇晃均匀　　　　　洗手并干燥

精确量取奶粉

图 2-5-1　配方奶粉的配制流程

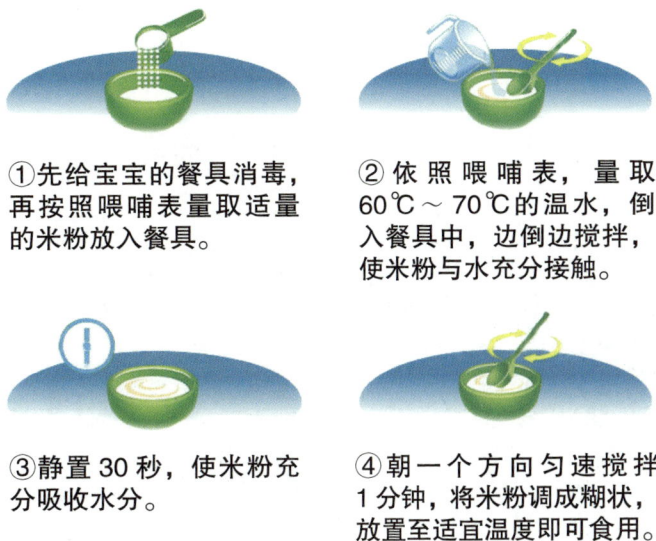

① 先给宝宝的餐具消毒，再按照喂哺表量取适量的米粉放入餐具。

② 依照喂哺表，量取 60 ℃ ～ 70 ℃ 的温水，倒入餐具中，边倒边搅拌，使米粉与水充分接触。

③ 静置 30 秒，使米粉充分吸收水分。

④ 朝一个方向匀速搅拌 1 分钟，将米粉调成糊状，放置至适宜温度即可食用。

图 2-5-2　米粉的冲调步骤

扫一扫

扫码看《0～3岁婴幼儿辅食的具体制作方法》。

学习笔记

（2）蔬菜水果泥的制作

① 根茎瓜泥：将根茎（土豆、胡萝卜、南瓜、冬瓜等）洗净，去皮后切成小块，煮烂或蒸熟，用汤匙压成泥，其间可加入适量温水、母乳或配方奶调至适当的稀稠度。

② 菜泥：选择绿叶蔬菜，摘取嫩叶，放入沸水中焯熟，捞出切碎或捣烂成泥。

③ 水果泥：选择熟透、质软的水果，如香蕉、桃、苹果等，洗净、去皮、去核，再捣烂或用汤匙压成泥状。

（3）肉泥的制作

① 瘦肉泥：将瘦肉洗净，剁碎或用料理机粉碎成肉糜，加入适量的水煮烂或蒸熟，用汤匙压成泥状。

② 鱼泥：将鱼洗净，蒸熟或煮熟，去皮、去刺，将留下的鱼肉用汤匙压成泥。

2.颗粒状辅食的制作

（1）准备制作的材料及器具

新鲜的食物原料，消毒的蒸锅、碗、勺子、剪刀、刀。

（2）操作步骤

① 把新鲜的叶菜类蔬菜去茎、洗净，把新鲜的根茎类蔬菜去皮、洗净。

② 把择好、洗干净的叶菜类蔬菜用沸水焯2～3分钟；把洗净的切成块状的瓜果类及根茎类蔬菜上锅蒸熟。

③ 焯熟的叶菜类蔬菜可用剪刀处理，煮熟的瓜果、根茎类蔬菜可用勺子处理，分别制作成适合婴幼儿食用的碎末或碎块状的食物。

（三）保持食物适宜的温度

1.夏季食物的降温

饭菜过热，可以将饭菜端至电风扇附近，不时地搅一搅汤，加快散热、降温。

2.冬季食物的保温

在保证食物烧熟煮透、保质保量的前提下，尽量缩短食物烧制好至食用的时间，以及饭、菜、汤的分装、运送时间。应给盛饭、菜、汤的容器加盖，汤用双层保温桶盛装（见图2-5-3）。

图 2-5-3　食物加盖保温

七 为婴幼儿选择合适的餐具

（一）各类餐具的特点

各类婴幼儿餐具的特点见表 2-5-6。

表 2-5-6　各类餐具的特点

类型	优点	缺点
硅胶餐具	柔软卫生，可爱多样	不易长期使用，不适合较大的婴幼儿
塑料餐具	轻便，不易摔坏，款式多样	不宜长期使用，需定期更换
不锈钢餐具	好清洗，化学元素少	容易烫手，可能会磕碰婴幼儿的牙龈
木制餐具	质地天然，柔和	易滋生细菌，不好清洗，且表层油漆成分复杂
陶瓷餐具	好清洗，不易烫手	较重，容易摔碎

（二）勺子的选择

选择勺子时要考虑形状、大小、材质等。适合婴幼儿的勺子应大小适中，勺头大小为婴幼儿嘴大小的 1/3 ～ 2/3，勺柄要短而粗，易抓握。可选择无毒塑料、硅胶、原木、不锈钢勺子，不建议使用陶瓷勺子。适合不同月龄婴幼儿的勺子如表 2-5-7 所示。

表 2-5-7　不同月龄婴幼儿使用的勺子

月龄	名称	款式特点	实物图片
0 ～ 6 个月	硅胶软头勺	勺子头硅胶材质，安全，弹性好，不易变形，不会损伤婴儿娇嫩的牙龈；长牙时，可起到磨牙作用	
6 ～ 12 个月	塑料软头勺	大小合适，方便婴儿抓握，勺子柄部有易握设计，如凸点、勺柄有弧度；方便锻炼婴儿的自主进食能力	
12 个月以上	不锈钢勺子	勺头比较深，能盛较多食物，方便清洗；利于幼儿熟练练习在进食时用勺子兜食物	

（三）碗、盘的选择

选择碗、盘时，要考虑选择结实、易拿、方便清洁和消毒的。底部凸出的碗比较容易拿握，碗的大小以适合婴幼儿双手拿起来为宜。材质方面，可选择塑料、陶瓷、不锈钢的，托育机构以选择不锈钢碗更为适宜（见表 2-5-8）。此外，婴幼儿使用碗的厚度需相对厚一些，既可避免烫伤，也相对保温。

表 2-5-8　不同月龄婴幼儿使用的碗、盘

年龄	名称	款式特点	实物图片
0～1岁	塑料吸盘碗	碗口较大，方便婴儿学习兜食；吸附力强，足够稳固，婴儿不易弄翻；防摔	
1～2岁	卡通塑料碗	卡通设计能吸引注意力，具防摔耐磨的功能；碗口较小，深度够，适合幼儿练习自主进食	
	不锈钢保温碗	内胆可拆洗、可高温消毒、外层塑胶隔热、耐摔	
2岁以上	塑料餐盘	可区分饭菜，零食碗可以随意放置，让吃饭的乐趣变多，底部有防滑设计；餐盘整体比较大，深度够；适合集体进餐使用	

（四）不适合婴幼儿的餐具

① 内部有彩色装饰的餐具：此类餐具有含铅的隐患，盛醋、果汁、蔬菜时，会使重金属溶出，长时间使用易造成慢性铅中毒。

② 容易破碎的餐具：此类餐具不仅造成浪费，最重要的是会破坏婴幼儿自主进食的积极性。

③ 大人的餐具：此类餐具会增加婴幼儿学习用餐的难度；此外，大人的餐具易使婴幼儿感染一些传染性疾病，不利于健康。

八　为婴幼儿分发餐具与食物

（一）分发餐具与食物的流程

分发餐具与食物的流程如下（见图 2-5-4）。

① 根据当天出勤情况确定餐具与食物量并领取。

② 分发者分发前需洗净双手。

③ 分发餐具。将碗对准椅子中间的桌面，放在距离桌边一横拳的位置；

将盘子置于碗的正前方；将勺子放在盘子上，留出放菜的空间。

④ 分发食物。分发食物的顺序为蔬菜—荤菜—饭—汤，饭用勺盛，使用夹子分菜，按左汤右菜的顺序放置。

确定餐具与 食物量并领取	▶▶	洗净 双手	▶▶	分发碗、 盘和勺	▶▶	分发食物：蔬 菜—荤菜—饭—汤

图 2-5-4 分发餐具与食物的流程

（二）注意事项

① 分餐需要动作快、量均匀。

② 需要做好防尘工作。

③ 在操作过程中避免手接触碗口或食物。

④ 杜绝将汤和菜盛到同一个碗里。

（三）小窍门

① 分碗（盘）前可以将所有碗（盘）倒扣摆放或平放，取碗（盘）时方便五指捏碗（盘）底；分勺子时，需要捏勺柄末端处。

② 分发饭菜前，可以用手肘内侧轻触容器外侧，感知食物的温度是否适宜，若过高，可以用勺子轻轻搅动食物，待温度适宜时再分发。

③ 添加饭菜时，若幼儿的进餐速度正常且食物快没有了，可及时添加适量饭菜；若幼儿进食速度减慢，又想要添加，可减量添加。

九 进行餐前教育

（一）引导婴幼儿关注进餐

保育员可利用玩游戏、讲故事、唱歌、谈话等形式，使婴幼儿对进餐产生兴趣。例如，饭菜端出后，让婴幼儿闻一闻、看一看，判断饭菜；用猜谜的方式让婴幼儿猜出饭菜名称；还可通过讲故事引导婴幼儿对食物产生想象。

（二）介绍饭菜

保育员应使用富有感情色彩的语言向婴幼儿介绍饭菜的名称、内容及营养成分。生动地介绍饭菜，能起到刺激感官、激发食欲的作用。常用介绍指导语如下（见表 2-5-9）。

扫一扫

扫码看《餐前教育素材》。

表 2-5-9　常用介绍饭菜指导用语

类型	介绍饭菜内容	介绍营养成分
情感引导	1."我最爱吃牛肉炖胡萝卜了！" 2."我最喜欢吃肉丸了，真香！"	1."我最爱喝让我长高的牛奶了。" 2."我喜欢吃能保护眼睛的胡萝卜。"
感官激发	1."啊！午饭太香了，香喷喷的大米饭、鸡蛋炒西红柿、肉末炒芹菜，有红的、有白的、有黄的、有绿的，真漂亮！" 2."今天的拌黄瓜真好吃，又鲜又脆！"	1."带颜色的蔬菜，如红萝卜、西红柿、柿子椒等很有营养，能让小朋友眼睛明亮，皮肤白嫩，身体健康，不生病。" 2."肉能让小朋友更聪明，长高个。"
角色参与	1."小兔子玩饿了，很想吃萝卜，我们看看今天的饭里有萝卜吗？太好了，有小兔子喜欢吃的红萝卜、白萝卜，太香了，兔妈妈都忍不住要吃了。" 2."我们来当小兔子吧，小兔子最爱吃青菜和萝卜了。"	1."小兔子吃了胡萝卜看得更远了，小朋友想不想和小兔子一样？" 2."小熊吃了鱼就很有力气了，还能帮熊妈妈捕鱼了，我们吃了鱼也会有力气，是吗？"

（三）提示进餐常规

保育员应使用恰当的语言提示婴幼儿进餐常规，并以温和、平静、商量、随时准备帮忙的语气和行为，指导婴幼儿进餐。

进餐常规要求

1.会正确取放餐具。

2.将勺放在碗里，一只手的拇指压勺，双手端碗回座位。

3.正确的进餐姿势：身体坐直，双脚平放在椅子前，胸紧贴桌子，一手扶碗，另一手拿勺。

4.安静专心进餐，保持桌面、地面的清洁，掉落残渣要捡起。

5.细嚼慢咽，坚持把碗里的饭菜吃完，逐渐能接受并喜欢吃各种食物，不挑食。

6.餐后整理：清理桌面，送餐具，擦嘴，漱口，搬椅子。

（四）餐前仪式

采用儿歌、童谣等形式，增加婴幼儿对食物来之不易的感受和爱惜食物的情感，还可以说一些感恩的话。

饭前常用感恩词

1.感谢太阳，因为太阳让我们的粮食慢慢长大。

2.感谢厨师，因为他们给我们准备了丰富的食物。

3.感谢禾苗，因为禾苗长成了我们吃的粮食。

4.感谢农民伯伯，因为他们给我们种了好吃的菜和粮食。

5.感谢老师，因为他们教了我们很多就餐礼仪。

6.感谢包子和馒头，因为它们有各种味道给我们品尝。

学习笔记

十 喂哺婴儿

（一）瓶喂

1. 瓶喂的正确操作

（1）喂姿

在安静的环境中，让婴儿斜坐在怀里，头部靠在肘弯处，背部靠在前手臂处，呈半坐姿态。

（2）喂奶

喂奶时，将奶瓶倾斜45°，使奶嘴充满奶液；用奶嘴轻轻接触婴儿的嘴唇，待婴儿张嘴时，将奶嘴顺势放入嘴中；结束喂奶时，可轻轻晃动奶瓶，待婴儿张嘴后，即可拔出奶嘴。

（3）拍嗝与消毒

喂奶后，将婴儿抱起，轻拍背部2～3分钟，遵循空掌由下至上的方式，帮助婴儿打嗝；然后再将瓶中剩余的奶液倒出，将奶瓶、奶嘴分开清洁干净，放入沸水中消毒（或选用消毒器消毒），取出备用。

2. 注意事项

① 必须洗净双手后喂奶。

② 喂哺时，要避免用手直接接触奶嘴。

③ 喂奶前试温时，可将奶液滴几滴于手背或手腕处，不能直接吸奶嘴来试温。

④ 加强器具消毒，使用奶瓶、奶嘴前后均需消毒。

（二）勺喂

1. 勺喂的信号

勺喂的信号：脖子能够灵活转动；扶着能坐稳；看到大人吃东西也表现出很馋的样子，看到想吃的东西就会张嘴。

2. 勺喂的步骤

（1）准备工作

保育员备好泥糊状辅食，给婴儿戴上围嘴，抱入餐椅，与婴儿面对面。

（2）分阶段喂哺

开始阶段，用勺尖取少量糊状食物，放于婴儿嘴角一侧让婴儿吮舔；待婴儿能顺利吞咽后，可用勺取大半勺糊状食物，用勺尖轻触碰婴儿下唇，待婴儿张嘴后喂入口。

3.注意事项

① 逐渐增加辅食的黏稠度和进食量。

② 不要让勺子进入婴儿口腔的后部或用勺子压住其舌头，以免使婴儿产生不良进食体验。

③ 若婴儿拒绝进食，不要强迫进食，可以过一两周再尝试。

十一　指导幼儿用勺进食

（一）食物与餐具的准备。

保育员应为幼儿准备细碎、容易用勺盛起的食物（通常是饭菜混合）以及合适的碗、勺。

（二）动作准备

1.坐姿

引导幼儿将脚平放在地面上，身子可略微前倾，不向左、右倾斜，不佝腰，不耸肩，前臂可自然地放在餐桌的边缘处。

2.端碗

饭碗应放在距桌边 10 cm 处，左手扶碗，固定碗的位置，右手拿勺，如需将碗端起，应双手端碗。

（三）进餐指导

1.示范与模仿

保育员要准备两把小勺（一把给幼儿，另一把给自己）。保育员可先用自己的小勺舀起一勺饭送入自己口中，让幼儿模仿。

2.练习与提醒

在幼儿练习过程中，保育员要向幼儿强调用勺进食规范：握住勺柄；盛食物时，勺子的凹处应该朝上；小勺举到嘴边时，眼睛看着食物，并张开口；食物进嘴后，要细嚼慢咽，咽下一口，再吃一口。

3.提升与要求

当幼儿逐渐掌握了用勺吃饭的方法后，保育员可提出进一步的要求：拿勺的姿势不能大把攥，拇指应与其他四指分开，捏住勺柄的两侧，手心朝上；每一勺不能盛得太多，以防食物掉落、汤汁洒出。

（四）初学进餐的注意事项

① 以鼓励、表扬为主。

② 不要过分强调抓握姿势。

③ 幼儿弄脏衣服和周围的环境时，要宽容、有耐心，不批评。

④ 不纠正幼儿的用手习惯。

⑤ 不阻止幼儿用手抓饭菜。

十二 组织幼儿集体自主进餐

（一）组织幼儿集体进餐的要点

① 帮助幼儿尝试自己取饭，引导幼儿按活动路线入座。

② 教给幼儿正确的坐姿和进餐方法，指导幼儿学习使用小勺进餐，提醒幼儿喝汤时两手端平饭碗。

③ 观察幼儿的食量，鼓励幼儿吃各种食物，引导幼儿将面食和菜、干点与稀饭搭配着吃。

④ 帮助、指导幼儿尝试学习吃带壳、带皮、带核的食物，教会他们方法。

⑤ 关注幼儿的特殊需要，针对个别不会咀嚼、吞咽有困难的幼儿，及时给予指导；针对生病、有食物过敏史、少数民族幼儿，适当调整食物搭配。

（二）注意事项

① 需要固定幼儿进餐的座位安排与活动路线。

② 提醒幼儿取餐需端平、慢走，轻拿轻放。

③ 关注幼儿的进餐心理，不强迫进食。

④ 适度引导，给幼儿练习的时间。

相关链接 ▶▶▶▶▶

婴幼儿饥饱行为表现（见表2-5-10）。

表2-5-10 婴幼儿饥饱行为表现

进食类型	饥饿的行为表现	吃饱的行为表现
奶类食物	1. 张开嘴寻找乳头 2. 做出吸吮动作或发出响声（伸舌头、咂嘴唇），吃手 3. 烦躁或哭闹	1. 吸吮频率降低或不再下咽 2. 抗拒乳头
固体食物	1. 看到食物表示兴奋 2. 小勺靠近时张嘴	1. 注意力分散、东张西望 2. 躲避喂食、紧闭小嘴、扭头 3. 吐食物、玩食物

十三 排除进餐中的安全隐患

（一）热源隐患

保育员需严格遵守操作规范，做到热源不进班，五温（饭、菜、汤、茶、点心）进班；饭菜进班后放置在远离幼儿活动的区域，并进行隔挡处理，避免幼儿接触热源而烫伤。

（二）用餐隐患

幼儿进餐时，可能会用餐具嬉闹、含食物大声说话、含勺（筷）四处走动、翘凳子等，容易受到意外伤害。因此，保育员需要时刻巡视观察，提醒幼儿细嚼慢咽，勿嬉笑打闹和大声说话；逐步培养幼儿专心吃饭、饭菜入口后细嚼慢咽、嘴里不含饭的习惯。

（三）地面湿滑隐患

保育员分发饭菜（尤其是汤菜）时，需要把握单勺的量，避免洒出；提醒幼儿进食汤菜时，要先双手捧稳，再小口分食，以免汤水洒出。如果发现地面上有饭菜、汤汁，应及时清理干净。

（四）应对突发事件

1.处理打翻饭菜事件

① 及时反应，迅速让幼儿远离有饭菜的区域，不训斥或指责幼儿。

② 若幼儿衣裤未被弄脏，引导幼儿到干净的餐桌旁继续进餐；若幼儿衣裤被饭菜弄脏，需先帮助幼儿换上干净的衣裤，再让幼儿在干净的餐桌旁用餐。

③ 用专用抹布或纸巾擦去桌上的饭菜，并用纸巾擦去地上的饭菜，用专用拖把小心拖净该区域。尽可能小范围打扫，不影响其他幼儿进餐。

④ 进餐护理完毕后，在专用水池内洗净被污染的衣裤。

2.处理呕吐与拉肚子事件

在传染性疾病发生时，如秋季腹泻，可按以下方法处理。

① 及时反应，迅速让幼儿远离有污物的区域，不可训斥或指责幼儿。

② 帮助幼儿清洗口腔或臀部，并帮幼儿换上干净的衣裤。

③ 使用专用工具清理有污物的区域。尽可能小范围打扫，不影响其他幼儿进餐。

④ 进餐活动结束后，应在专用水池内清洗被污染的衣裤。

3. 处理呛咳事件

① 及时观察幼儿是否能自主呼吸。

② 若幼儿能自主呼吸，能哭、说话、咳嗽，则进一步观察幼儿。

③ 若幼儿不能自主呼吸、咳嗽或正常发音，但尚有意识反应，应一人拨打 120 急救电话，另一人实施紧急救助，可采取海姆立克急救法进行急救。

十四　培养良好的进餐习惯

（一）做好餐前准备

1. 充足活动，保证空腹

餐前半小时让幼儿进行户外活动和体育锻炼，保持空腹状态。

2. 餐前卫生习惯

饭前半小时保持幼儿安定、愉快的情绪，进餐前提示幼儿如厕、洗手，让幼儿知道洗完手后不再乱摸东西，安静坐好，等待吃饭。

（二）规律进餐

1. 定时

为幼儿制订规律的进餐和点心时间，能顺应幼儿发展需要适时调整；同时，规定用餐时间，正餐控制在 20 ～ 30 分钟，加餐控制在 10 ～ 20 分钟，尽量避免过时。

2. 定位

保育员应为幼儿准备舒适的餐椅且固定就餐地点和位置；引导幼儿在座位上进餐，不可端着碗四处走。

3. 定量

保育员应培养幼儿饮食有节制的习惯，防止幼儿出现看见喜欢的食物就贪食，看见不喜欢的食物就拒食的现象。

（三）专心进餐

1. 提供安静就餐环境

进餐时，进行正常的交谈、播放轻松愉快的轻音乐都有利于幼儿专心进餐；避免幼儿视野内有吸引幼儿注意力的电视、玩具等。

2. 不强迫进食

幼儿某餐进食量较少时不要强迫幼儿进食，以免造成厌食。进餐时不能催促幼儿，而要让幼儿细嚼慢咽；保持进餐卫生；要让幼儿咽下最后一口饭才能离开饭桌；注意饭后擦嘴和保持桌面干净。

（四）爱吃各种食物

1. 食物多样，饮食清淡

按食谱和当地的情况与季节为幼儿选择多种食物，培养幼儿不挑食的习惯。进餐前，保育员可给幼儿讲食谱，增加幼儿进食的欲望。

2. 预防偏食、挑食

偏食和挑食是幼儿生长发育过程中常见的现象，幼儿有时可能连着几天非常喜欢吃某种食物，但过几天又讨厌这种食物。保育员要尊重幼儿的选择，积极、耐心地激发幼儿对食物的兴趣，避免让幼儿再吃一口或坚持光盘等。

（五）文明进餐

保育员应逐步培养幼儿如下文明进餐的习惯：饭前洗手，饭后擦嘴、漱口；细嚼慢咽，咀嚼和喝汤时不出声；正确使用餐具，不用手抓；餐具相互碰撞时不应发出过大的响声，不敲碗筷，夹菜时不挑挑拣拣，不掉落饭菜；餐后将用过的餐具有序地轻放在指定的地方等。

（六）家园合作

1. 入园前沟通

入园前，家长应积极地向保育员介绍幼儿的饮食情况，同时也要了解幼儿园的饮食、作息制度，以方便家园双方了解、照顾幼儿。

2. 在园中交流与配合

保育员在家长每天接幼儿时，要及时与家长交流幼儿在园情况，如吃饭、饮水、大便等情况。如果发现幼儿在园有不太喜欢吃的食物，需要提醒家长适当给幼儿吃一些；如果幼儿在园已吃了很多食物，就要提醒家长转移其注意力，避免幼儿进食太多。

十五　纠正不良的进餐习惯

（一）不良进餐习惯的表现

① 挑食、偏食，食欲低下。对食物挑三拣四，是幼儿进餐中的普遍现象。

② 进餐时注意力不集中，边吃边玩、边吃边讲话。

③ 独立进食能力弱。虽能吃完自己的一份饭菜，但桌子、地面、衣服上不干净，都是饭粒、菜汤。

（二）纠正不良进餐习惯的方法

1.采用多种方式提高食欲

① 增加食物趣味性。给饭菜取个有趣的名字，如白巧克力（白豆腐）、太阳饼（玉米饼）等以激发食欲。

② 榜样激励。例如，"老师最喜欢吃胡萝卜了，真香啊！我的口水都流出来了，谁和老师一样喜欢吃胡萝卜？"

③ 少盛勤添。对于食欲低下的幼儿，保育员可少盛勤添，吃完后征求幼儿的意见再添，不让幼儿有压力。

④ 先盛少盛。幼儿不爱吃的菜可先盛、少盛，可用这样的话引导"谁先把菠菜吃完，小鱼就会先'游'到谁的小碗里去"；也可分成两份，一多一少，鼓励幼儿选择，让幼儿逐渐接受。

2.趣味练习，提升进餐技能

除了在进餐时学习使用勺子，还可以利用幼儿游戏的时间进行练习，如在"娃娃家""小餐厅"放置勺子，在寓教于乐的过程中帮助幼儿掌握使用勺子的方法。

3.以绘本、故事、游戏等形式展开活动

选取与爱惜粮食、不挑食等有关的绘本，如用《多多什么都爱吃》《汉堡男孩》，教育幼儿营养均衡的重要性；用《大公鸡和漏嘴巴》教育幼儿怎样进餐，进而使幼儿逐渐养成好习惯。还可以通过游戏活动将用餐的好习惯渗透进去，如游戏"小鸡吃米""大鲨鱼和小乌龟"。

十六　照护特殊婴幼儿进餐

（一）体弱儿的进餐照护

1.维生素 D 缺乏性佝偻病

多给婴幼儿补充富含维生素 D、钙、磷及蛋白质的食物，如蛋黄、肝脏、鱼类、鱼子、奶制品等。鼓励婴幼儿坚持喝奶，补充钙质。

2.营养性缺铁性贫血症

专门为婴幼儿制作补铁的食物，即富含铁和蛋白质的食物，还应辅以富含维生素 C 的食物。婴幼儿应多吃猪肝、动物血、瘦肉、豆制品等食物，饭后应补充维生素丰富的酸味水果，以促进铁的吸收。

3.营养不良症

保育员对营养不良的幼儿要进行细致的观察，发现他们进餐的特点，如速度、进食量，及对食物的喜好等，为他们提供营养全面、迎合其喜好的膳食，督促他们专心进餐，逐渐增加进食量，改善其身体状况。

4.反复感染疾病

对于处于疾病感染期间和恢复期带药来园的婴幼儿，进餐照护有以下几个方面：患儿的饭应该做到有营养、易消化、以流质和半流质为主；掌握他们的进食量，以八成饱为宜，不可过量或过少；患儿没有食欲不可强求。

（二）肥胖儿的进餐照护

照护肥胖儿进餐应侧重于帮助他们控制体重。进餐照护的原则是：在保证幼儿生长发育所需的膳食营养平衡的基础上，控制脂肪和糖的摄入量。

1.限制进食量

在满足幼儿基本营养及生长发育需要的前提下，适当限制其食量，当幼儿要求添饭时，应给予体积大、热量少的食物，多给蔬菜，少添加主食。

2.调整进餐顺序

进餐时，让幼儿先吃蔬菜、水果，再喝汤，最后吃主食，从而使幼儿产生饱腹感，有效防止过度进食。

3.控制进食速度

在进餐过程中，保育员应指导幼儿要细嚼慢咽，放慢咀嚼和吞咽的速度。同时适当提供粗纤维食物，锻炼其咀嚼能力。

4.家园相互配合

教师、保育员和家长应保证幼儿在园内、在家都能按照科学的原则调整膳食，共同鼓励幼儿树立控制体重的信心，并持之以恒。

十七　餐后整理

（一）指导幼儿餐后整理

1.指导幼儿整理餐具

① 将勺子、食物残渣（剩余食物）放于碗中，将碟子放于碗下。

② 双手捧碗、碟，按固定路线行进至备餐桌前。

③ 将食物残渣倒入食物回收桶。

④ 将碗、碟、勺分别放到指定地方。

2.指导幼儿搞好个人卫生

（1）指导幼儿正确漱口

提前放好幼儿的漱口桶。漱口前，确保口腔内无食物；用漱口杯接适量的水；将水含嘴里，闭口，鼓动两腮，反复冲洗口腔内各个部位附着的食物碎屑；将漱口水吐入专门的漱口桶内。为了便于幼儿掌握漱口操作要领，可用儿歌加以辅助。

漱口儿歌

儿歌1：手拿小花杯，喝口清清水。抬起头，闭上嘴。咕噜咕噜，咕噜咕噜，吐出水。

儿歌2：饭后接杯清清水，送到嘴里咕噜噜，吐出饭菜小渣渣，再把小嘴擦干净。

（2）指导幼儿正确擦嘴

事先准备好大小适宜的一次性餐巾纸或毛巾，放在备餐桌上。指导幼儿擦嘴时，双手捧住餐巾纸，放在嘴唇上，双手推动纸巾，从嘴角两边向中间擦，擦完一次后对折，再擦一次，最后将手擦干净。

擦嘴儿歌

小小纸巾双手托，对准嘴巴轻轻合，变成一块方手绢，擦擦折，擦擦折，照照镜子看一看，擦净嘴巴笑呵呵。

3.流程

保育员应引导幼儿管理个人卫生（见图2-5-5）。

收拾桌面上的食物、碗、盘、勺 ▶▶ 倾倒余食，放置餐具 ▶▶ 漱口 ▶▶ 分步擦嘴 ▶▶ 椅子归位

图2-5-5 引导幼儿管理个人卫生的流程

（二）餐后环境的清洁

1.桌面的清洁

将桌子上的饭粒、杂物收拾干净。用清水擦拭桌面，确保桌面干净。若桌面比较油腻，可在专用抹布上滴少许洗洁精，向同一方向擦拭桌面、桌边，用流动水洗净抹布并拧干，再次擦拭桌子，直到桌子干净为止。

2.地面的清洁

餐后对地面进行湿性打扫，打扫时要注意按由里往外的顺序。

①扫。用潮湿的扫帚按由里向外的顺序压住地面清扫。

② 拖。用拖把清洁地面，由清洁区拖至污染区。从左向右横拖，且从前往后倒着拖。

③ 消毒。用消毒液再次擦拭地面，开窗通风，使地板尽快干燥。

（三）个别情况的处理

1.幼儿进餐速度特别慢

保育员可以安排进餐速度特别慢的幼儿和进餐习惯好、吃得较快的幼儿坐在一起，利用同伴影响力，加快幼儿的进餐速度；同时，当幼儿进餐速度提高时，要及时给予表扬和鼓励。

2.幼儿不整理餐具

保育员需要强调收拾餐具的必要性，引导幼儿按合理收放餐具的步骤和路线整理，还可及时提醒并监督幼儿整理。

3.幼儿整理不到位

保育员可以在收放餐具处，按照餐具摆放顺序贴上相应的标志。另外，幼儿放碗时经常出现餐具码得太高而倒塌的现象，可以引导幼儿"盖楼房"，哪座"楼房"矮就要盖哪座；可以利用情境引导婴幼儿判断正误，鼓励幼儿判断哪些做得对、哪些做得错，并讲明做出判断的理由；还可以采用分桌或按数量摆放的方法。

学习反思

学习目标

学习本专题，你将达成以下目标。

- 能说出水对婴幼儿健康的作用。
- 知道人体内水的来源和不同年龄段婴幼儿的需水量。
- 知道不同情况的婴幼儿的喝水需求，做到安全饮水。
- 会给婴幼儿选择合适的饮用水。
- 会给不同月龄的婴幼儿选择饮水器具。
- 会指导幼儿自主饮水，组织幼儿集体饮水。
- 能引导婴幼儿养成良好的饮水习惯。

关 键 词

饮水：即喝水，本教材中的"饮水"特指不同年龄段婴幼儿在一日生活中被动或主动地喝水。

饮水器具：婴幼儿喝水时直接接触的非可食性工具，包括适用于不同月龄婴幼儿的不同形状、特点的水杯、水壶。

自主饮水：婴幼儿能根据自己身体的需要主动、适量、安静、有序地喝水，养成良好的喝水习惯，以满足他们维持身体健康的需要。

水是七大营养素（碳水化合物、蛋白质、脂类、矿物质、维生素、水和膳食纤维）之一，对人体健康起着重要的作用。水是构成人体组织细胞的重要成分，还是机体物质代谢不可缺少的溶剂。在人体内，水是一切物质交换的媒介，水参与人体内所有的生理化学过程。

一　水对婴幼儿健康的作用

（一）构成机体

水是构成机体的主要成分，分布在所有的细胞组织内。成人体内的含水量为 55% ～ 65%，而儿童体内的含水量比成人还多，为 65% ～ 70%。

（二）参与人体内的新陈代谢

机体内一切化学变化都必须有水的参与。水在人体消化、吸收、循环、排泄的过程中，可协助营养物质的运动和废物的排泄，使人体内的新陈代谢和生理化学反应得以顺利进行。

（三）调节体温

水的比热容高，每克水每升高 1 ℃，就需要 4.186J 的热能。当机体内热量过剩时，人体会通过排汗散热，保持体温的相对恒定。

（四）提高膳食的营养价值

膳食中的水对其他营养素的消化、吸收、代谢都有影响。在含 10% 蛋白质的饮食中，增加 20% 的水分，可以使蛋白质的功效比值，即每克蛋白质使体重增加的效率提高 15% ～ 20%。

二　人体内水的来源

人体内水的来源有三个途径：第一，水和其他饮料，占人体水分总来源的 50% 以上；第二，固体食物，占人体水分总来源的 30% ～ 40%；第三，剩下的 10% ～ 20% 来自机体内物质的生物氧化过程。

各种食物的含水量相差较大，因此，人体从食物中获取的水分因所摄取食物的种类、数量的不同而有所不同。

三　不同年龄段婴幼儿的需水量

婴幼儿对水的需求量取决于其活动量、饮食量以及气候等因素。通常气温越高，出汗越多，活动量越大，需水量就会增加；若摄入的蛋白质、无机盐较多，在排泄这些物质时需要的水就较多，因此需水量也会增加。

此外，不同年龄段的婴幼儿对水的需求量也有所不同：0～6月龄的婴儿，若是纯母乳喂养，因母乳可提供足够的水分，不必补水；人工喂养的少量补水，即奶粉喂养的婴幼儿比母乳喂养的婴幼儿需水量多。

据有关参考资料，1岁以内的婴儿每日每千克体重应摄取120～135 mL的水；2～3岁的幼儿每日每千克体重应摄取100～140 mL的水；4～6岁的幼儿每日每千克体重应摄入90～110 mL的水（见表2-6-1）。

表2-6-1　正常婴幼儿需水量的参考值（每24小时）

年龄（岁）	体重（kg）	总摄入量（mL）	每千克体重需水量（mL）
1	9.5	1150～1300	120～135
2	11.8	1350～1500	115～125
4	16.2	1600～1800	100～110
6	20.0	1800～2000	90～100

一般来讲，1～3岁婴幼儿每千克体重需水量约为125 mL，全天总需水量为1 200～2 000 mL。

注意事项如下。

① 婴幼儿脱水的危害比成人要大，所以当婴幼儿出现高热、呕吐、腹泻等症状时，家长要注意及时给他们补充水分。

② 过量饮水会出现水中毒的现象。长期喝水过量或短时间内大量喝水，人体内钠为主的电解质受到稀释，血液中盐分减少，水分吸收能力下降，过多的水分进入细胞内积聚后会导致水中毒。因此，婴幼儿也要适量饮水。

③ 饮料不能代替白开水。饮料是以水为基本原料，由不同的配方和制造工艺生产出来，供人们直接饮用的饮品。饮料中含有色素、香精、糖精以及防腐剂，会增加婴幼儿肝脏的负担。白开水最能解渴，进入体内后能很快发挥代谢功能。平时喝白开水的人，体内脱氧酶的活性高，肌肉内乳酸堆积少，不容易疲劳。多喝白开水有利于代谢废物的排出。

四　让不同情况的婴幼儿喝水的注意事项

对于味蕾正在发育的婴幼儿来说，为了能够让他们在后期更好地接受各种食物的味道，建议为婴幼儿提供烧开后放置至40 ℃左右的温白开水。

学习笔记

（一）纯母乳喂养的婴幼儿

很多时候，我们会听说"吃母乳的孩子不用额外补充水分"，但事实上我们都知道母乳和白开水在体内的代谢是有差异的，所以，为了婴幼儿在后期能够感受无色无味的白开水，建议每天给婴幼儿添加 1～3 次的白开水，添加量可以控制在奶量的 10% 以内。

（二）纯奶粉喂养的婴幼儿

奶粉是高营养的食物，除了严格按照奶粉罐体上的冲调方法之外，为了使婴幼儿减少因积食、便秘进而引起的消化不良等反应，育婴师和营养师都建议在两顿奶粉之间补充一次白开水，推荐量为奶量的 1/3。

（三）添加辅食的婴幼儿

针对这类婴幼儿，家长需要注意的是添加辅食的状态。例如，如果婴幼儿吃的是饼干、磨牙棒、米饭等固体食物，建议在吃完这些食物之后半小时左右补充一次白开水；如果吃的是米粉、汤面、馄饨等半流食，建议在进食后一小时左右添加一次白开水。由于这时候的婴幼儿已经有自我意识，因此婴幼儿能喝多少水就喝多少，不要勉强。

（四）生病、活动量大的婴幼儿

在这些特殊的情况下，先观察婴幼儿的嘴唇，如果已经有干裂的情况，建议在平时的基础上增加喝水次数，饮水量可以和平时一样。

五　安全的饮用水

安全的饮用水是指一个人终生饮用，也不会对健康产生明显危害的饮用水。根据世界卫生组织的定义，所谓终生饮用，是指以人均寿命 70 岁为基数，以每人每天饮水 2 L 计算。安全饮用水还包括日常个人卫生用水，即洗澡用水、漱口用水等。如果水中含有害物质，这些物质可能在洗澡、漱口时通过皮肤接触、呼吸吸收等方式进入人体，从而对人体健康产生影响。

目前，我国居民的饮用水主要有：自来水、纯净水、饮用矿物质水、矿泉水和小分子水。

自来水直接取自天然水源（地表水、地下水），经过一系列处理工艺净化消毒后再输送给各用户，是目前国内最普遍的生活饮用水。

扫一扫

温馨提示：不应让婴幼儿长期饮用纯净水，扫码看《婴幼儿不宜长期饮用纯净水》。

纯净水在被过滤的过程中，其中的钾、钙、镁、铁、锌等人体所需的矿物元素也被去除了，不宜长期大量饮用，只能用于临时解渴。

饮用矿物质水是经人工添加矿物质而具有人体所需矿物质的水。这样的水虽然弥补了纯净水中部分矿物质的不足的缺点，但是添加的矿物质能否被人体吸收、利用，还需要进一步研究。

矿泉水是指从地下深处自然涌出或人工开采所得到的未受污染的天然地下水。矿泉水含有一定的矿物质和微量元素，容易被人体吸收。适量饮用矿泉水对人体健康有益。

小分子水是指分子团很小、活性很高的水。小分子水的表面张力比较大，渗透很快。如果用小分子水洗澡，皮肤表面很快会形成一层水膜，所以它有护肤、防感染的功能。一般的水的分子团大，不易通过细胞壁，而小分子水更易通过人体细胞的水通道，把营养和氧气带给细胞，并把代谢产物带出细胞外，从而增强新陈代谢和排毒作用，提高人体的免疫力。

从饮水与健康的角度来讲，安全的饮用水应该符合以下几点要求。

① 干净，不含致病菌、重金属和有害化学物质。

② 含有适量的矿物质和微量元素。

③ 含有新鲜适量的溶解氧。

④ 偏碱性，水的分子团要小，活性要强。

六 给婴幼儿选择合适的饮用水

对婴幼儿而言，饮用水也是获取营养的重要来源。适合婴幼儿饮用的水中应含有适量的矿物质，如钙、镁、钾、铁、锌、锶、硒、锗、硅、锰等，这些矿物质对于婴幼儿的成长发育有着积极的作用。但是，婴幼儿的饮用水并非矿物质含量越高越好。例如，矿泉水因为矿物质含量高，会造成某种微量元素过量，因为婴幼儿的肾脏系统尚未完全发育，过高的矿物质含量会增加肾脏负担，同时也会抑制其他矿物质的吸收，所以婴幼儿不适合饮用矿泉水。

国际相关的权威机构也对婴幼儿的饮用水给出了明确规定，如德国儿科学会推荐适合婴幼儿的饮用水的钠含量不超过 20 mg/L，瑞士儿科学会推荐适合婴幼儿的饮用水的钙含量不超过 200 mg/L，镁含量不超过 40 mg/L。婴幼儿的饮用水除了要含有适当的营养元素之外，还要达到商业无菌标准。商业无菌标准指的是水产品中不含致病性微生物，也不含在通常温度下能在其中繁殖的非致病性微生物。美国《FDA 食品法规》规定：婴幼儿瓶装水应加热杀菌，满足商业无菌要求。英国卫生局推荐使用符合商业无菌标准的瓶装水喂养婴幼儿。

在日常生活中被普遍饮用的自来水矿物质含量适中，可将其煮沸后给婴幼儿饮用。婴幼儿饮用水优选烧开的优质白开水或者低矿无菌水。

七　常见的与饮用水有关的问题

常见的与饮用水有关的问题及答案如表 2-6-2 所示。

表 2-6-2　常见的与饮用水有关的问题及答案

问题	答案
饮用不卫生的水有什么危害？	饮用水质不达标的水，容易引发腹泻、伤寒、肝炎、痢疾、氟中毒、砷中毒等。水中的各种污染物还会造成人体多项毒素指标超标，长此以往，会导致心脑血管病、癌症等多种疾病
水垢对人体有害吗？	水垢是矿物盐沉淀的俗称，主要成分为钙、硫酸钙、氢氧化镁、碳酸镁等。水垢可以进入人体，与胃酸相结合还原成钙、镁离子，补充人体对钙、镁等元素的需求。钙、镁对人体有着促进骨骼发育和生长的重要作用，能刺激心脏和心血管活动，激活多种酶，有提高机体对传染病的抵抗能力和抗炎症的作用，可减少肝、胆、肾结石的形成。水中的钙、镁不仅是无害的，在某种程度上来说还是有益的，是人体必需的常量元素
水中的余氯对人体有害吗？	就现阶段来看，以加氯的方式对自来水进行消毒是一种常规工艺。世界卫生组织（WHO）对自来水的余氯含量的规定为 5 mg/L。我国《生活饮用水卫生标准》，对自来水中的余氯含量的要求远低于 5 mg/L。有研究指出，长期饮用氯化物超标的自来水的人群，其膀胱癌、胃癌、结肠癌、直肠癌的发病率高于对照人群
给婴幼儿饮用专用饮用水有必要吗？	达到无菌标准的婴幼儿专用饮用水可以直接饮用，如果是没有灭菌的则需要烧开才能饮用。婴幼儿专用饮用水的价格相对是比较高的，其实使用达到国家标准的饮用水也是一样的

八　给不同月龄的婴幼儿选择饮水器具

水杯是婴幼儿常用的生活物品。为婴幼儿选择的水杯，不仅会影响婴幼儿喝水的习惯，还会影响其身体的健康发展。美国儿科学会提出：婴儿应在 6 个月之后开始学习并使用杯子；幼儿应在 1 岁后慢慢停止使用奶瓶，最晚应在 2 岁以前要彻底戒掉奶瓶，否则会影响牙齿正常发育、身体健康。一个适用的水杯，能够更好地引导婴幼儿多喝水，也有利于婴幼儿口腔、牙齿的正常发育。我们在为婴幼儿选择饮水器具时可参考表 2-6-3。

表 2-6-3　不同月龄婴幼儿的饮水器具

月龄	名称	图片	特点	目的
6 月龄以内	奶瓶式训练杯		奶嘴式的设计，使 6 月龄以内的婴儿有熟悉感；双把手的设计，便于双手抓握	抓握手柄可培养婴儿双手的抓握能力，使婴儿学习保持平衡，进而支持其自主饮水
6～9 月龄	鸭嘴式训练杯		鸭嘴类似于奶嘴，但是出水量大于奶嘴	减少婴儿对奶嘴的依赖，同时保证喝水时不漏水，是一种良好的过渡性水杯
9～12 月龄	宽口训练杯		口径更宽，流水量比鸭嘴杯还要大	进一步训练婴儿的自主饮水能力
12～18 月龄	吸管式训练杯		吸管式的独特设计，不易洒水；出水量大于鸭嘴杯，易出水，能更好地满足幼儿的饮水需求	1 岁后的幼儿判断危险的能力提高，不易咬破吸管甚至将碎片吞下；进一步提高幼儿自主饮水的能力
18 月龄以后	幼儿水杯		随着幼儿年龄增长和能力增强，由两个把手逐渐变为一个把手，把手由大变小，杯口设计与成人水杯相同	帮助幼儿练习口腔肌肉，提高吞咽能力；逐步提高幼儿自主掌握饮水量的能力

　　我们应注意的是，不要过早地让婴幼儿使用吸管式训练杯，因为不满 1 岁的婴儿喜欢咬东西，可能会咬断并误吞吸管而导致危险发生。1 岁之后的幼儿也会咬吸管，但能够更好地判断危险，吞下吸管的可能性较小，所以 12～18 个月的幼儿可以使用这种训练杯。通过以上几个阶段的训练，1 岁半的幼儿已经能够掌握喝水的方法，这个时候可以用普通的水杯给幼儿喝水了。

　　总的来说，水杯的类型要跟上婴幼儿成长的步伐，方便婴幼儿抓握，不漏水，并且方便消毒。在使用过程中要经常检查，出现吸管损坏、杯体漏水等情况应及时更换。

学习笔记

学一学

自主饮水

指婴幼儿自己有主动喝水的意识，并且能根据自己身体的需要主动、适量地喝水，养成良好的喝水习惯，以满足身体健康的需要。

学习笔记

九 指导幼儿自主饮水

（一）指导幼儿认识自己的小水杯

在入园前，保育员应为每名幼儿的水杯贴上名字或照片，同时在放置水杯的柜子上也贴上幼儿的名字或照片，方便幼儿正确地取放自己的水杯。

（二）指导幼儿学会正确的接水方法

保育员应指导幼儿学会正确的接水方法（见图 2–6–1）。

抓住把手取出水杯，避免用手碰触杯口和杯里 ▶▶ 排好队，握好水杯把手，将水杯置于水龙头下方，对准水龙头 ▶▶ 轻轻打开水龙头 ▼ 眼睛看着水杯，接半杯或 2/3 杯水 ◀◀ 及时关闭水龙头

图 2–6–1 正确的接水方法

（三）指导幼儿学会正确的饮水方法

① 指导幼儿正确地拿水杯：右手持杯柄，左手扶杯身，避免水洒出和水杯滑落。

② 喝水时应坐到指定座位上，喝前吹一吹，避免烫嘴。喝水时要一口一口地慢慢喝，不能边走边喝，喝水时不要说笑，防止呛咳。

③ 喝完后，指导幼儿按顺序将水杯放回对应位置。

④ 指导幼儿注意剧烈运动后、吃饭前后不能大量喝水。

⑤ 每次喝水时，应尽可能喝足量，养成良好的饮水习惯。

（四）对幼儿饮水常规的要求

① 喜欢喝白开水，逐步做到主动饮水。

② 在取放杯子、接水、喝水的过程中能够正确地使用水杯。

③ 能自主独立地喝适量的水。

④ 养成有序喝水、喝水时不说笑的良好习惯。

⑤ 能在成人指导下，学习根据身体需要适量喝水。

⑥ 知道按时喝水，在特殊情况下能够及时喝水。

（五）饮水保育的注意事项

① 保育员为幼儿准备饮用水前一定要先洗手。

② 要准备充足的饮用水，供幼儿全天随时饮用。

③ 保育员要随时关注幼儿的饮水情况，尤其是生病和不爱饮水的幼儿，及时提醒或协助幼儿自主饮水。

④ 为防止幼儿喝水时洒水，保育员可在桌上或盘子上粘贴放杯子的标志；引导幼儿有序地排队接水；准备一块能及时擦拭水渍的抹布。

十　组织幼儿集体饮水

（一）饮水前准备

1.清洁消毒饮水桶

① 清洁：把饮水桶放在流动水下，用饮水桶专用抹布按桶口—桶内壁—桶底—桶盖内侧、外侧—桶外壁—桶外底的顺序依次擦拭，由内向外地将饮水桶冲洗干净。

② 消毒：每天用开水消毒饮水桶内壁，用消毒液擦拭外壁。打开饮水桶的水龙头，使流动水从水龙头出水口流出。关上水龙头，倒适量的开水（大约占饮水桶的 1/3）。盖上盖子，然后用力地左右晃动饮水桶，使开水完全接触到桶内壁。打开水龙头，让开水冲洗出水口。

2.清洁消毒水杯

① 清洁：先洗杯口、杯里和杯底，再洗杯柄、外侧和杯外底。用流动水反复冲洗。

② 消毒：按用一次就消毒一次的原则为水杯消毒。用煮沸法消毒时，水面应浸没杯子，水沸腾后再煮 10 分钟；用蒸汽法消毒时，水沸腾后再蒸 15 分钟。消毒完毕后，将杯子倒扣放置沥干。

3.摆放水杯

将消过毒的水杯放入水杯架。需要注意的是，拿杯子时，手不要碰杯口，柄朝外，杯口朝上。

4.摆放饮水桶和备水

饮水桶一般摆放在进门入口较宽敞处，方便幼儿随时饮水，并要给幼儿排队饮水留足空间；摆放饮水桶时，应盖好橱柜盖子并锁上。根据天气以及幼儿的年龄、活动量、饮食等情况备好充足的水；水温应适宜，夏凉冬温且无污染，注意盖好盖子并锁上。

（二）饮水过程指导

1.指导语言

"小朋友们来喝水，一口一口慢慢喝。"

"我们一起排好队，一个一个来接水。"

"出汗了要多喝水，嘴巴干了要喝水，生病了也要多喝水。"

"拿好杯子别弄脏。"

2.行为提示

① 每天提供温度适宜的白开水，饮水桶要上锁。

② 观察幼儿的饮水情况，对不同需求的幼儿给予帮助，指导时态度亲切。

③ 鼓励幼儿多喝水，重点关注体弱儿的饮水情况。

④ 观察幼儿的日饮水量，提醒幼儿及时补充水分。

（三）集体饮水中常见的安全隐患及相应的排除措施

1.常见的安全隐患

① 未及时晾凉，水温过高，喝水时可能会烫伤幼儿；饮水桶盖未盖紧，可能会烫伤幼儿。

② 幼儿在饮水过程中将水杯不小心打翻在地，可能会不慎滑倒摔伤。

③ 幼儿在饮水过程中说笑打闹，出现呛咳或互相碰撞的危险情况。

④ 幼儿在饮水过程中互相喷洒，玩水。

⑤ 幼儿在饮水过程中弄湿衣服。

2.相应的排除措施

① 为幼儿准备温度适宜的白开水：夏天 30 ℃左右，冬天 40 ℃左右。

② 提前观察饮水区地面是否整洁、干燥，为幼儿喝水提供安全环境；幼儿不小心洒水时，要及时擦拭地面，以免滑倒摔伤。

③ 提醒幼儿安静喝水，对说笑、打闹、拿着水杯乱跑的幼儿给予指导和纠正；及时表扬在固定区域安静喝水的幼儿及有序排队与等待的幼儿。

④ 在饮水区域用不同标记画出接水区、等待区、喝水区，培养幼儿有序喝水的习惯。

⑤ 及时关注幼儿的前胸或脸部是否有水，及时用毛巾帮幼儿擦干或及时为其更换衣物。

十一　培养幼儿良好的饮水习惯

（一）培养幼儿主动喝水的习惯

① 保育员需要按时提醒幼儿喝水，每次喝足量。

② 提醒幼儿渴了就要主动喝水。

③ 对不爱喝水的幼儿，保育员要及时关注，用多种方法引导幼儿喝水。

④ 对体质差、感冒、患病初愈、经常上火、咽喉肿痛的幼儿，应提醒他们多饮水。

⑤ 创设环境以提高幼儿饮水的兴趣。保育员可以通过设计一些饮水小游戏来提高幼儿饮水的兴趣。例如，可在托育园某一互动墙上呈现"今天我喝水了"的主题内容，告诉幼儿每喝一次水就可以在自己的水杯卡片上贴一个五角星，大家一起数数看"我今天喝了几杯水"。运用类似的游戏形式让饮水融入幼儿的一日生活中，逐渐帮助幼儿养成爱饮水、主动饮水的好习惯。

（二）培养幼儿喝白开水的习惯

① 保育员应通过多种形式，使幼儿明白喝白开水对身体的好处，并指导家长在家中为幼儿树立榜样，主动饮用白开水。

② 对不习惯喝白开水的幼儿，应让其能由少到多地增加饮水量。

（三）加强家园合作

① 与家长及时沟通幼儿在园的饮水情况，告知家长托育园为婴幼儿主动饮水所做的努力、幼儿当前已经取得的进步以及还需要继续保持和提升的地方。

② 家园一致。结合幼儿主动饮水的问题提出几条有针对性的建议，在培养幼儿主动饮水的能力和习惯的过程中取得家长实质性的配合。如家中尽量不要存放饮料，更不要把饮料当成奖励。

③ 具体帮助。给家长提供科学的饮水参考依据，帮助家长在家中设计饮水时间表，大家共同执行，家长以身作则，带动幼儿。同时建议家长在家中设立轮流监督员制度，这样既能监督婴幼儿饮水，又能让婴幼儿体验为家人服务的成就感和快乐。

④ 定期向家长了解幼儿在家主动饮水的情况，给予家长真诚的肯定与激励，促进家园合作顺利开展。

学习反思

学习目标

学习本专题，你将达成以下目标。

- 能说出婴幼儿睡眠的重要性。
- 能说出不同月龄婴幼儿每日的睡眠需求及特点。
- 会辨别婴幼儿的睡眠信号。
- 会为婴幼儿创设良好的睡眠环境。
- 能实施婴幼儿睡眠照料。
- 能引导婴幼儿养成良好的睡眠习惯。

关 键 词

睡眠：大脑皮层以及皮下中枢广泛处于抑制过程的一种生理状态，在睡眠时各器官组织会减少代谢活动，重新储存能量和物质，以便继续进行生命活动。

据报道，某地有一名 8 个月的男婴在睡梦中没有了呼吸。当妈妈把男婴送到医院的时候，他早已离世。家人实在无法接受这样的事实，伤痛万分。婴儿猝死综合征对家长来说无疑是一场噩梦。婴儿猝死综合征是指外观健康的婴儿突然意外死亡且难以完全找出病因的临床综合征。国外学者对它的病因进行广泛研究并提出众多假说，如婴儿的睡眠姿势不正确、反流误吸、自主神经功能紊乱等都是诱发原因。

开展合适的睡眠照护不仅可以提高婴幼儿的睡眠质量，还可以有效预防婴儿猝死综合征的发生。

一 婴幼儿睡眠的重要性

睡眠是大脑皮层以及皮下中枢广泛处于抑制过程的一种生理状态，在睡眠时各器官组织会减少代谢活动，重新储存能量和物质，以便继续进行生命活动。睡眠是人类生命的重要生理过程，每个人的健康都离不开充足、高质量的睡眠。婴幼儿睡眠质量直接关系到其发育和认知能力的发展。高质量的睡眠对婴幼儿恢复机体的活动能力、保障身体健康具有重要意义。

（一）恢复身体体力

婴幼儿大脑皮层的神经细胞易兴奋、疲劳，不易受抑制，因此注意力很难持久。睡眠对大脑皮层具有生理保护性，只有保证婴幼儿有充足的睡眠，才可以使其消除疲劳，促进其神经系统发育。

（二）促进生长发育

婴幼儿只有熟睡之后，体内才能分泌较多的生长激素，生长激素是促进婴幼儿生长的最重要的激素。

（三）促进智力发展

脑细胞的发育和完善几乎都在睡眠中进行，良好的睡眠有利于脑细胞发育，对促进婴幼儿智能发育十分重要，有利于增强脑储存能力、发展脑功能及巩固记忆。

（四）增强免疫能力

婴幼儿的免疫系统大部分是在深度睡眠时得以增强的，神经和精神状态直接影响着免疫力。良好的睡眠可以帮助婴幼儿正常发育,调节神经系统功能，增强体质，提高自身免疫力，提升防病、抗病的能力。

二 不同月龄婴幼儿每日的睡眠需求及特点

不同月龄的婴幼儿对睡眠时间的需求是不完全相同的，月龄越小，需要睡眠的时间就越长。未满月的新生儿除了吃奶外，几乎全天都处于睡眠或半睡眠状态；3 个月以内的婴儿每天需要睡 16 ～ 18 小时；1 岁左右的婴幼儿每天需要睡 14 小时左右；一个 2 岁的幼儿，在他出生后的 24 个月中，有 13 个月是在睡眠中度过的，觉醒的时间只有 11 个月。3 岁的幼儿每天的睡眠时长为 12 小时左右，夜间睡眠时长约 10 小时（见表 2-7-1）。

表 2-7-1　不同月龄婴幼儿的每日睡眠

月龄	每日总睡眠时长（小时）	白天小睡次数（次）	白天每次睡眠时长（小时）	夜间睡眠时间（小时）	夜间睡眠特点
新生儿	20	新生儿最长的睡眠时间为 2.5～4 小时，而且不能区分白天和黑夜			
1～3 个月	16～18	4～5	1.5～2	10	70% 的 3 个月大的婴儿会有连续 5 小时的夜间睡眠
4～6 个月	15～16	3～4	1～2 2～3	10	夜间睡得较熟，中间可能醒一次
7～12 个月	14～15	2～3	2～3	10	夜间可能不再吃奶
12～24 个月	13～14	1～2	1～1.5	10	夜间至少保持 10 小时的睡眠
24～36 个月	12～13	1	2～3	10	夜间稳定睡眠可达 10 小时左右

三　婴幼儿的睡眠信号

学习笔记

　　婴幼儿入睡前一般都会有睡眠信号，可能不同的婴幼儿的信号不同，一般的信号有情绪低落、无精打采、动作放缓、话语减少。有的婴幼儿也会出现用手频繁揉眼睛、哈欠连连、双目无神、眼睛发呆、咬手指等信号。婴幼儿的睡眠信号转瞬即逝，需要抓住婴幼儿的睡眠信号并及时安抚入睡。如果婴幼儿错过了睡眠的最佳时机，就会出现尖叫、哭闹、发脾气等现象，以及异常兴奋、抗拒睡眠等情况。

四　创设良好的睡眠环境

　　婴幼儿时期是养成良好睡眠习惯的最佳时期，我们除了要了解婴幼儿的睡眠规律外，还要为他们创设适宜的睡眠环境，这是极为重要的。

（一）室内环境

1. 光线

婴幼儿睡眠的房间的光线不可太亮，光线应柔和，适合婴幼儿入睡。睡前应拉好窗帘，降低房间的亮度。

2. 通风

房间有门窗可通风，保持室内空气流通，秋冬寒冷季节可在睡前半小时关闭门窗，以确保温度适宜。

3.温度

室温不要过冷或过热，要合理使用空调。冬季，室温应保持在14℃～18℃；夏季，室温应保持在27℃左右。但是将室内温度调得过于舒服是不可取的，由于婴幼儿体温调节中枢发育尚不完善，若在室温过于舒服的环境里成长，婴幼儿调节体温的能力将退化，因此不要过多地使用空调。

4.湿度

一般室内湿度在50%～60%适宜，如果室内的湿度太大，可以通过通风、光照，或安装除湿设施来调节；倘若空气过于干燥，可以在地板上洒一些水。

5.声音

应为婴幼儿提供安静的睡眠环境，避免大声喧哗、过大的走动声响等对婴幼儿造成惊吓。当然，婴幼儿的睡眠环境也不要求完全安静，一些经常存在的声音并不会影响他们的睡眠，同时也能促进婴幼儿形成昼夜睡眠的规律。

（二）床铺被褥

1.床铺

为婴幼儿选择舒服、安全的睡眠用床。根据婴幼儿情况合理安排床位：体弱的婴幼儿应被安排在避风处，体质较好、怕热的婴幼儿可被安排在通风处（但不能吹过堂风），难以入睡、易尿床或活泼好动、爱说话的婴幼儿可被安排便于照护和管理的地方，咳嗽的婴幼儿最好与其他人保持一定的距离。全体幼儿要头脚交叉睡。安排床位时，床头的间距应为0.5 m左右，两排床的间距应为0.9 m左右。

2.被褥

为婴幼儿准备好睡眠所需的被褥，并根据季节变化及时调节被子的厚度。被褥应该选择全棉面料以保护其柔嫩的肌肤。冬季可提前将婴幼儿的被子的一角掀开，呈90°，方便婴幼儿进入被窝，防止受凉。婴幼儿的寝具应该及时清洁、干燥，经常在阳光下晾晒、消毒。

五 婴幼儿睡眠照护

（一）睡前准备

1.安全检查

婴幼儿睡前应进行安全检查。通过一问、二看、三摸、四查的方式，检查婴幼儿的身体有无不适，神态情绪是否异常，有无携带小物件进入睡眠房间。

2. 睡前活动

① 睡前提醒婴幼儿少喝水，完成大小便及洗净双手，减少生理上的干扰。

② 指导婴幼儿安静有序地进入卧室，找到自己的床铺。

③ 指导婴幼儿按顺序脱掉衣服、袜子，将其叠放整齐。

④ 播放轻柔的音乐，倾听情节舒缓的儿童故事，放松心情，安定情绪，为尽快入睡做好准备。

3. 脱衣物指导

保育员应教会婴幼儿认识衣裤袜的前后和里外，教会婴幼儿认识鞋子的左和右。

① 脱开襟上衣：脱开襟上衣时，应先将扣子解开或将拉链拉开，双手攥住衣襟向后拉，将衣服脱至肩下，然后从背后逐一拉下两只袖子（较小的婴幼儿在解开扣子后，可由成人帮其脱下袖子）。

② 脱套头上衣：双手提住衣领的两端，从头上向前拉，让手和头出来。

③ 脱鞋子：解开鞋扣或鞋带，两脚逐一从鞋跟到脚尖脱出，并将鞋子放正。

④ 脱裤子：双手抓紧裤腰，将裤腰脱到膝盖下，然后用手把裤子的两只裤脚逐一向下拉，直至脱掉整条裤子。

⑤ 脱袜子：双手抓住袜口朝下脱至脚跟，用手抓住袜尖朝外脱离脚部，用同样的方式脱另一只袜子。

⑥ 整理衣物：指导婴幼儿将脱下的衣物分类整齐叠放，放在床尾。

保育员可以利用儿歌、图片（见图 2-7-1）等来帮助婴幼儿提高穿脱衣物的兴趣并加强对操作技能的掌握。例如，儿歌《脱裤子》："双手抓紧小裤腰，一下脱到膝盖下。再用小手拉裤脚，最后还要摆摆好。"又如儿歌《叠衣歌》："伸伸手，伸伸手，抱抱臂，抱抱臂，弯弯腰，弯弯腰，我的衣服叠好了。"

图 2-7-1　示例

4.讲故事

（1）活动准备

①物品准备：绘本、配合故事情节的玩具和教具、适宜的座椅。

②操作者准备：着装整齐、普通话标准、语言生动形象且配有肢体语言。

（2）活动过程与表现

①注意礼仪，坐姿端正，精神面貌良好，状态饱满。

②选择适宜婴幼儿月龄的绘本故事，在忠实原作基础上合理加工故事，以易于婴幼儿理解。

③普通话标准，声音洪亮，语速适宜，表达流畅。

④语气、语调、表情符合故事角色形象及内容特点，声情并茂，富有感染力。

⑤恰当运用态势语，帮助婴幼儿理解故事内容。

⑥要把故事讲得富有童趣，激发婴幼儿的兴趣，适合婴幼儿学习、欣赏。

⑦流畅、完整地完成故事讲述。

（二）睡间指导

1.正确睡姿

婴幼儿的身体和骨骼尚未发育完善，因此，不应该固定一种睡姿，应引导婴幼儿交替使用各种睡姿。但1岁之前宜用仰卧位，不宜用俯卧位。值得注意的是：一般刚喂完奶的新生儿最好不要立即采用仰卧姿势，因为这样容易引起宝宝吐奶，使乳汁沿着脸颊流入耳内而诱发中耳炎，应让其先以右侧卧位睡半小时，然后改换仰卧姿势；经常吐奶、呼吸道分泌物较多的婴儿，可以为其选择俯卧位，但该姿势容易堵塞其鼻嘴，造成窒息的危险，导致婴儿猝死综合征，需要密切观察其面部情况；婴幼儿采取左右侧卧位睡觉时，要避免把婴幼儿的耳郭压向前方，否则耳郭会变形。婴幼儿不同睡姿的优缺点见表2-7-2。

表2-7-2 婴幼儿不同睡姿的优缺点

睡姿	优点	缺点
仰睡	1.可以直接观察婴幼儿的脸色和面部表情，及时发现异常情况并处理 2.口鼻直接向上通气 3.四肢可以随意活动，有助于运动功能的发育 4.视野开阔，可以促进婴幼儿的视力发育	1.使婴幼儿的舌头向后，前颈部打折，呼吸道变窄，导致呼吸困难 2.胃内的食物较易进入食管造成呕吐，并且呕吐物容易积存在喉部，如果呛入气管，就会发生意外窒息甚至猝死 3.易因踢被而着凉 4.不能产生安全感，睡得不踏实

续表

睡姿	优点	缺点
俯睡	1. 很有安全感，易入睡 2. 胃内的食物不容易进入食管从而造成呕吐，有利于肠道蠕动，可以促进食物的消化和吸收 3. 使婴幼儿的气道较为通畅，不易发生呼吸困难	1. 婴幼儿的脸一半被遮住，如有异常情况不容易被及早发现 2. 婴幼儿的口鼻容易被堵住，婴幼儿的头部较重，柔软的颈部肌肉无力支撑，加上3个月以内的婴儿多不会翻身，易导致呼吸困难甚至窒息死亡 3. 使婴幼儿的胸腹部紧贴床，不容易散热，易导致体温升高 4. 手脚失去了自由活动的空间
侧睡	1. 婴幼儿右侧位睡时，胃内的食物不易流入食管，溢奶和吐奶的情况减少 2. 如果胃内的食物进入食管，这一睡姿可以使流向口腔内的呕吐物由嘴角流到口腔外，不宜呛入气管 3. 可以改变咽喉软组织的位置，当呼吸道有炎症时，可减少分泌物对气道的阻塞，减轻呼吸困难 4. 如果婴幼儿患了肺炎，右侧卧位有利于痰液排出呼吸道，起到引流作用	1. 婴幼儿的四肢较短，躯干呈圆筒状，不能通过交叉手臂或用大腿来保持这一姿势 2. 左侧卧位很容易溢奶，胃内的食物容易进入食管

学习笔记

2. 巡回检查

婴幼儿睡眠期间，保育员应随时关注，不随意离开。坚持每15分钟巡回检查一次，确保能在第一时间发现特殊情况并及时处理。保育员要特别注意婴幼儿是否在被子下面玩玩具、拆弄被褥、玩身上的衣服等，若发现以上情况应及时进行引导。保育员要观察婴幼儿睡眠期间的情况，根据室温随时调整婴幼儿的盖被量，为蹬被的婴幼儿盖好被子，为出汗的婴幼儿及时擦拭头上及身上的汗液。引导中途需要上厕所的婴幼儿及时排尿，避免尿床。对身体不适的婴幼儿及时检查，如出现发烧、惊厥、腹痛等情况，应立即采取恰当的处理方式，必要时通知保健老师。

（三）睡后整理

1. 起床准备

营造起床的氛围，播放轻柔的音乐或节奏平缓的故事，唤醒婴幼儿。根据婴幼儿的个体差异，给予一定时间缓冲。对于赖床的婴幼儿，可轻拍或轻声叫醒。

2. 穿衣物指导

（1）穿开襟上衣

首先，分辨衣服的里外和前后，双手抓住衣领，将衣服开口的一面对着前面，领口贴近腹部（衣服自然下垂），用双手抓住衣领向后甩，将衣服披在肩上，将手伸入衣袖内。其次，翻好衣领，将衣服的前襟对齐，自下而上地系扣子。最后，认真检查扣子是否一对一地扣好了，领子是否翻平整了。

（2）穿套头上衣

分清前后，前面朝下（领口低的是前面），先将头钻入领口，检查衣服的正面是否在胸前，两手分别从衣服底边进入，从两侧的袖口出来。穿套头衣服的关键是找到正面、领子和袖子，保育员应帮助幼儿在衣服的正面做记号，以便幼儿穿时方便辨认，并在这方面做重点检查。

（3）穿裤子

先辨别裤子的前后，可在裤子前后绣上明显的记号，如花、字、小动物等；双手拉住裤腰两侧，将两腿同时伸进裤筒；站立后提裤子，将上衣塞在裤子里，并扣上扣子或拉上拉链。冬季应检查幼儿穿裤子的情况，防止幼儿在穿多条裤子时将腿伸进两条裤子之间，同时还应注意有无将裤子前后穿反的情况。

（4）穿袜子

先分辨袜子的不同部位，如袜尖、袜底、袜跟、袜筒；将袜跟朝下，双手抓住袜口，将脚伸进袜口，脚跟伸到袜跟处，将袜口拉至脚踝。幼儿常会将袜跟穿到脚面上，保育员应及时指导和纠正，还应教会幼儿用袜筒包住衬裤的裤脚，为穿毛裤做准备。

（5）穿鞋

先分辨鞋的左右脚，并将它们放正，然后两脚分别穿上鞋，用手提鞋跟，最后系鞋带或扣鞋扣。在幼儿活动时，保育员应该注意观察幼儿的鞋带和鞋扣，若发现有鞋带松开或鞋扣未扣好的情况时，应及时帮助或提醒幼儿系好鞋带、扣好鞋扣。

3.收拾整理

婴幼儿起床离开睡眠室后，保育员可先开窗通风，并将被褥打开晾10分钟左右，再整理床铺、被褥，并清洁睡眠室环境。

六 培养婴幼儿良好的睡眠习惯

（一）固定作息

婴幼儿固定的睡眠作息是良好生活习惯的一部分。让婴幼儿在熟悉的环境里入睡，形成固定的入睡和起床时间，保证充足的睡眠时长，这样能让婴幼儿形成良好的睡眠习惯，从而有利于婴幼儿的身心健康发展。

（二）自主入睡

婴幼儿的自主入睡习惯是通过训练逐步形成的。对于入睡困难的婴幼儿，保育员应有耐心，遵循循序渐进的原则引导婴幼儿自主入睡：可以坐在婴幼儿的床边，以轻拍、安抚等方式陪伴他们入睡，使他们产生安全感；也可以让婴幼儿把家中的小被子或毛绒玩具带到托育园陪他们入睡。当婴幼儿适应环境后，可逐渐减少陪伴的次数，尝试拿掉陪伴婴幼儿的被子或玩具，让婴幼儿学会独立入睡。

（三）正确睡姿

关注婴幼儿的睡姿，纠正不良入睡方式及不良睡眠姿势等。避免奶睡（含乳头或奶瓶入睡）、抱睡（拍抱或摇晃入睡）、奶睡加抱睡、依赖安慰物等。避免俯卧、跪卧、蒙头睡，提醒或帮助婴幼儿侧卧或仰卧交替，避免张嘴睡、枕臂睡、蒙头睡、趴睡等。

（四）保持安静

婴幼儿睡眠期间，不随意惊醒、唤醒、吵醒婴幼儿。因为睡眠是一个深睡眠和浅睡眠交替进行的过程，当婴幼儿处于浅睡眠的时候，很容易被惊醒，难以快速进入继续睡眠的状态。因此，婴幼儿集体睡眠期间应保持安静，不随意影响婴幼儿的睡眠。保育员应让早醒的婴幼儿醒后保持安静。在婴幼儿睡眠期间要避免大声交谈或产生过大动静，而惊吓到婴幼儿；也应避免随意打开睡眠室的灯，以减少对婴幼儿的影响和刺激。

（五）自理能力

根据婴幼儿的年龄特点，保育员应采用具体形象的方法，逐渐培养婴幼儿穿脱并自主叠放衣服、摆放鞋子的能力。既不能包办代替，不给婴幼儿学习和练习的机会，也不能任由婴幼儿自己探索。保育员应掌握正确的指导方式，在睡眠照料的环节中帮助婴幼儿形成良好的自理能力。

✏️ **学习反思**

_____

_____

_____

_____

学习目标

学习本专题，你将达成以下目标。

- 能说出离园保育的保教价值。
- 知道离园活动的保育任务。
- 能辨别离园环节中的安全隐患并有效防范。
- 能引导婴幼儿养成良好的离园习惯。
- 会利用离园时机与家长沟通。
- 会对托育园进行离园后的清洁消毒。

关 键 词

离园照护：保育员要安排做好婴幼儿离园前的准备工作，提醒婴幼儿带回物品、玩具、药品等。教师需要做好家园沟通服务，向家长反馈婴幼儿在园的整体情况。

一日生活记录：有效、客观地记录婴幼儿一天的生活情况，如生理方面（吃饭量、喝水量、排便及睡觉情况等）与发展领域（身体动作、语言沟通、认知探索、文化艺术、社会情绪等）。

　　离园是婴幼儿在园一日生活的最后一个环节，是托育园生活转向家庭生活的过渡阶段。离园环节的保育工作内容繁多。例如，为婴幼儿做好离园前的物品整理，提醒或协助婴幼儿做好相关生活准备（换尿布、如厕等），做好婴幼儿离园前与家长的交接工作，与家长进行婴幼儿一日生活的沟通交流，做好个别指导，培养婴幼儿良好的行为习惯，完成婴幼儿离园后的托育场所的清洁消毒、安全检查及整理工作等。

一　离园保育的保教价值

　　近年来，保育员及其保育工作在管理和教育婴幼儿发展方面发挥了至关重要的作用。很多托育机构将教师的教育工作和保育员的保育工作合为一体，主要职责是对婴幼儿生活以及学习上的观察、指导和照护。在婴幼儿离园环节，保教人员要做好婴幼儿离园前的主要工作的合理分工，记录婴幼儿一日生活情况，做好环境消毒和物品清洁工作，开展有效的家园沟通工作，培养婴幼儿良好的离园习惯。做好婴幼儿的生活管理工作，培养婴幼儿良好的生活习惯和自我服务能力是离园保育的价值所在。婴幼儿的自理能力、自我保护、与人交往、礼仪习惯等方面的行为要转化为婴幼儿的活动常规，养成习惯。因此，保教人员的离园照护工作既要重视对婴幼儿的照护，又要满足他们不断增强的要求独立的需求。

二　离园活动的保育任务

　　① 组织婴幼儿做好离园前的物品整理工作，包括将玩具、图书归位，将桌椅摆放整齐。

　　② 提醒或组织婴幼儿喝水，检查婴幼儿是否需要换尿布或如厕。

　　③ 检查或协助婴幼儿整理好衣装。

　　④ 热情接待家长，交流婴幼儿在园的一日生活表现。

　　⑤ 培养婴幼儿礼貌告别的习惯。

　　⑥ 与婴幼儿及家长告别，提醒他们或家长不要遗忘自己的衣物，检查婴幼儿的物品是否都已被带走。

　　⑦ 组织好晚接婴幼儿的活动，做好晚接婴幼儿的生活照护。

　　⑧ 婴幼儿全部离园后，做好清洁、整理、消毒工作，关闭门窗，倾倒垃圾。

三　离园环节中的安全隐患

　　婴幼儿在离园时容易摔伤、与同伴争执、情绪不安、走失、发生交通事故等。婴幼儿离园活动存在安全隐患是多方面的，因此要明确产生离园安全问题的原因，做好离园活动安全隐患的防范工作。

（一）婴幼儿方面

　　婴幼儿容易冲动、欠缺情绪控制能力和自我调节能力。例如，幼儿离园时见到家长第一时间来接自己，就容易兴奋，会不顾一切地快速奔向家长，易发生戳伤、挤伤等情况。又如，家长未及时来接的幼儿，发现同伴陆续离园，容易着急、焦虑甚至大喊哭泣，为此，保教人员不得不及时安抚幼儿的情绪，也可能会出现照顾不到其他幼儿而出现场面混乱的现象。婴幼儿的认知发展还不够健全，对危险因素认识不足，有些调皮的幼儿在离园时可能会趁老师不注意，偷偷跑到园外去玩，导致走失或者交通安全事故。

（二）保教人员方面

保教人员缺乏安全意识和责任意识，容易导致安全隐患甚至造成安全事故。如有些保教人员认为幼儿偷跑出去是因为幼儿自身太调皮或者来接的家长互相聊天不好好照看自己的孩子。如班上只剩下几个幼儿没有被接走，保教人员只是一味地让幼儿消极地等待或放任他们玩耍，令幼儿的情绪产生波动，也容易造成安全隐患。

（三）园所方面

托育园安全管理培训不到位。托育园的安全培训工作主要以讲座报告、随机指导、共享文件这样的方式开展，系统性、实践性不强。这样的安全培训无论是在内容上还是在形式上针对性都不强，致使很多保教人员安全意识薄弱，不能防患于未然；遇到紧急情况时，因缺乏安全知识和技能，不能及时采取措施。此外，托育机构的安全管理制度未完善，尤其在离园交接环节、门卫监督环节以及校车接送环节存在错接、漏接等问题。

四 离园环节中的安全防范

（一）提高婴幼儿离园时的自我保护意识

保教人员应培养婴幼儿的安全意识。如引导婴幼儿了解"陌生人""等待""排队""轮流"等概念。可以将平时婴幼儿离园时的表现视频作为课程资料，鼓励幼儿讨论哪些行为是正确的，哪些行为是错误的，观看正确的视频录像。

（二）提高保教人员的分工协作能力

保教人员要有序组织婴幼儿离园活动。离园前，保教人员可以组织婴幼儿开展阅读活动或益智类游戏。活动结束后指导婴幼儿将图书资料玩具等放回原位。保教人员要做好工作安排，分别在教室、园所门口安排教师照护，引导婴幼儿在园所门口排队等待，待全部婴幼儿离园后再做好消毒清洁工作。

学习笔记

学习笔记

（三）完善园所离园管理制度

加强安全教育培训，提高师生的安全意识和防护能力。托育机构要严格执行国家和托育机构安全管理的相关规定，建立和健全门卫、房屋、设备、消防、交通、食品、药物、婴幼儿接送交接管理制度。托育机构应将安全制度细节化，使制度具有可操作性。

（四）特殊婴幼儿的离园安排

加强特殊婴幼儿的家园联系。离园时，可以建议家长提早到园所来接，避开高峰期，减少安全隐患。

五 离园的好习惯

不同月龄的幼儿的离园习惯培养要点如下（见表2-8-1）

表 2-8-1　离园的好习惯

类别	12～24月龄	24～36月龄
生活习惯	1. 在老师的提醒或引导下，能够多喝白开水 2. 在老师的引导下能够将玩具等物品整理好放回原处 3. 家长未来接时，能够在教室区角内自主玩游戏	1. 在老师的引导下能够有规律地作息，如按时饮水、吃饭，养成等待家人来接前能够自主在区角做游戏等好习惯 2. 在老师引导下，能够做到在离园前如厕；如厕前举手向老师示意，如厕不推挤，小心上下台阶，如厕后洗手 3. 多喝白开水，能够认清自己的水杯，在固定位置取放，不玩水，不打闹 4. 喝水时，不说话、不走动，避免呛水 5. 在老师的引导下能够将玩具等物品整理好放回原处
生活能力	1. 在老师的帮助下，能够尝试自己穿鞋子 2. 能够自己拿水杯喝水，并把水杯放回固定位置 3. 能够找到放置自己物品的物品柜，离园时找到自己的书包和外套并能够尝试穿上	1. 能够自己穿衣服、穿鞋子，能分清左右 2. 能够整理带回家的物品，如书包、水杯等
礼仪习惯	1. 在老师引导下能够和同伴或者老师说再见，若不会用语言表达则可以挥一挥手示意 2. 离园时不自己跑向园所大门	1. 能够主动和同伴及老师礼貌告别，能够说"再见" 2. 离园时能够认真听老师叮嘱，排好队伍和同伴一起走到园所大门，不跟陌生人走或自己跑出园所大门

六 离园时与家长沟通

婴幼儿的成长离不开园所和家庭的共同努力，双方应积极配合和有效沟通。家庭与托育园的目标是否一致、内容是否连贯、方法是否得当直接影响婴幼儿的行为和健康。离园时，保教人员可以和家长进行简单的交流，突出婴幼儿在园所一日中比较重要的事件和环节（见表2-8-2）。

表 2-8-2　离园环节的沟通形式与主题

沟通形式	沟通主题
一对一沟通	1. 如何正确对待分离焦虑 2. 一日生活的细节 3. 婴幼儿的身体健康状况 4. 婴幼儿的情绪状态 5. 婴幼儿的习惯养成现状
一对多沟通	1. 如何培养良好的进餐习惯 2. 护理病儿的小知识 3. 冬天穿衣的小窍门 4. 假期如何安排婴幼儿的一日生活 5. 春季如何预防感冒 6. 婴幼儿被打后家长怎么处理 7. 挑选适合的绘本 8. 周末娱乐安排 9. 如何正面引导 10. 遵守睡前惯例 11. 家庭生活：帮助婴幼儿应对家庭变故 12. 识别婴幼儿过敏症及规划营养健康规划膳食 13. 选择书籍 14. 预防和应对压力 15. 掌握防火、安全与卫生知识 16. 婴幼儿时期的学习 17. 玩耍的价值 18. 婴幼儿发展的年龄段和阶段划分 19. 玩具和玩耍材料的选择

若需要进行详细的线下交流，教师可以让家长提前预约时间和内容（见表2-8-3），交流的目的是让婴幼儿的家长与托育园彼此对婴幼儿的身心发展、健康成长都有更深入的了解，与家长相互合作，分享信息，建立相互倾听的家园共育互动模式。

表 2-8-3　家长预约交流记录表

约谈教师		约谈时间	
约谈对象		与婴幼儿的关系	
约谈内容			
约谈记录			
备注/小结			

七 托育园的清洁消毒

托育园日常清洁消毒应依照《托儿所幼儿园卫生保健工作规范》，定期进行预防性消毒，在传染病流行季节每日适当增加消毒次数。寝室床铺应保持卫生，被褥整洁。餐桌、床围栏、门把手和水龙头等物体表面应每天用清水擦拭，地面湿式打扫，保持清洁。婴幼儿用具、玩具每周应至少清洁消毒一次，传染病流行季应每日清洁消毒一次。

（一）托育园日常消毒法

1.物理消毒法

物理消毒法是利用物理因素将病原微生物清除或杀灭的方法。常用的物理消毒法有日晒法、紫外线消毒法、煮沸法、蒸汽消毒法等。各方法的适用范围如下。

①日晒法：毛巾、衣物、被褥、书籍、玩具等。

②紫外线消毒法：室内空气、物体表面等。

③煮沸法：餐具、水杯、毛巾等。

④蒸汽消毒法：餐具、水杯、毛巾等。

2.化学消毒法

化学消毒法是利用化学药品杀灭病原微生物的方法。常用的化学药品有含氯消毒剂、过氧乙酸等。常用的化学消毒法有消毒剂浸泡法和消毒剂擦拭法。各方法的适用范围如下。

①消毒剂浸泡法：便具、玩具、家具、织物、耐湿物品等。

②消毒剂擦拭法：家具等物体表面和地面、墙面等。

（二）托育园常用物品的消毒

给托育园常用物品消毒可参照下表（见表2-8-4）。

表 2-8-4　托育园常用物品消毒工作表

	消毒对象	消毒方法	时间及次数
活动室	室内空气	紫外线灯照射40～60分钟	每天下午5:00—6:00消毒一次
	地面 门窗 椅子	消毒液（按照比例配制）擦拭	地面：每天下午5:00—6:00消毒一次 门窗：每天早上7:30—8:00消毒一次 椅子：每天早上7:30—8:00消毒一次
	玩具	消毒液洗泡或擦拭	每周五下午5:00—6:00消毒一次
	图书	紫外灯照射或者日光暴晒	每周五下午5:00—6:00消毒一次

续表

消毒对象		消毒方法	时间及次数
睡眠区	地面 门窗 床	消毒液（按照比例配制）擦拭	地面：每天晚上 5:00—6:00 消毒一次 门窗：每天早上 7:30—8:00 消毒一次 床：每天 7:30—8:00 消毒一次
	枕套 被套 褥罩	紫外灯照射，每月一般清洗一次	每天放学后 5:00—6:00 消毒一次 紫外线灯照射一次，每月月末清洗一次
	被褥	日光暴晒或消毒灯照射	每月月末消毒一次
	拖鞋	清水清洗	每周五下午 5:00—6:00 清洗一次
盥洗室	餐具 水杯	用远红外餐具高温消毒箱消毒	水杯：每天中午 12:30—1:00、下午 5:00—5:30 各一次 餐具根据园所实际情况每餐消毒
	毛巾 餐巾	消毒液（按照比例配制）擦拭 10～15 分钟	早餐后 9:00—9:30 清洗浸泡 中餐后 12:30—1:00 清洗浸泡 晚餐后 5:00—6:00 清洗浸泡
	门把手 水龙头 水杯柜	消毒液滞留擦拭 10 分钟	每天下午 5:00—5:30 消毒一次
厕所	便池 小便器	消毒液（按照比例配制）擦拭	小便器、坐便器：每天中午 12:30—1:00 清洗浸泡 下午放学后 5:00—6:00 消毒一次
	便盆	消毒液（按照比例配制）浸泡	每天上午 11:30—12:00 或者下午 4:30—5:00 浸泡
	拖把	消毒液（按照比例配制）浸泡	每天下午放学后 5:00—5:30 清洗并浸泡

学习反思

学习笔记

参考文献

[1] 济南阳光大姐服务有限责任公司.母婴护理职业技能实训手册 [M].北京：高等教育出版社，2020.

[2] 潘建明，谢玉琳，马仁海.幼儿照护职业技能教材（初级）[M].长沙：湖南科学技术出版社，2020.

[3] 车廷菲.我国0～3岁儿童保育与教育发展的历程、现状与未来[J].东方宝宝（保育与教育），2012（2）.

[4] 魏晓会.日本0—2岁保育服务及其对中国的启示 [D].南京：南京师范大学，2017.

[5] 宋彩虹.幼儿生活活动保育 [M].上海：华东师范大学出版社，2020.

[6] 《0—3岁婴幼儿托育机构实用指南》编写组.0—3岁婴幼儿托育机构实用指南 [M].南京：江苏凤凰教育出版社，2019.

[7] 人力资源和社会保障部中国就业培训技术指导中心.育婴员 [M].修订本.北京：海洋出版社，2013.

[8] 张小永.保育员（基础知识）[M].2版.北京：中国劳动社会保障出版社，2012.

[9] 金扣干，文春玉.0～3岁婴幼儿保育 [M].上海：复旦大学出版社，2012.

[10] 赵青.0～3岁婴幼儿卫生与保育 [M].北京：北京师范大学出版社，2021.

[11] 周梅林.保育员（初级技能　中级技能　高级技能）[M].北京：中国劳动社会保障出版社，2003.

[12] 康松玲，贺永琴.婴幼儿营养与喂养 [M].上海：上海科技教育出版社，2017.

[13] 蒋一方.0～3岁婴幼儿营养与喂养 [M].上海：复旦大学出版社，2011.

[14] 杨海河，游川.0～3岁婴幼儿营养与喂养 [M].北京：北京师范大学出版社，2020.

[15] 北京师范大学实验幼儿园.保育员工作指南 [M].北京：北京师范大学出版社，2012.

[16] 伍香平，彭丽华.幼儿园保育员工作指南 [M].北京：中国轻工业出版社，2014.

[17] 柳倩，徐琼.0—3岁儿童健康与保育 [M].上海：华东师范大学出版社，2012.

[18] 线亚威.幼儿园保育工作手册 [M].北京：高等教育出版社，2013.

[19] 王波，王珊.婴幼儿保育基础教程 [M].北京：中国财富出版社，2016.

[20] 邵玉芬，许鼓，甘智荣.0～3岁婴幼儿营养配餐看这本就够了 [M].南京：江苏科学技术出版社，2014.

[21] 吴光驰.0～3岁育儿百科 [M].长春：吉林科学技术出版社，2015.

[22] 劳拉·A.杰娜，杰尼弗·苏.美国儿科学会实用喂养指南 [M].2版.徐彬，等译.北京：北京科学技术出版社，2017.